U0034895

創業名人堂

Entrepreneurship Hall of Fame

一本屬於台灣創業家的紀錄專書
精選百工職人們的創業故事

推薦序

創業路上沒有捷徑，唯有吸收夠多的經驗養分才有辦法淬鍊出成功的果實

科技越來越發達，資訊越來越爆炸，根據統計現代人每天接受到的資訊可說是過往的 30 倍以上，因此許多人開始選擇創業或是斜槓工作。除了本身的專業技能外，在正式創業前，每位經營者都應該具備公司治理思維來迎接變幻莫測的市場，現在的創業環境已與過往不同，尤其在這時代非常進步的狀況下，想要生存可能要多花上一倍以上的心力，每位「準老闆」都需事先知道這些問題，而我相信透過不斷地吸收創業成功經驗也可以得到這項技能。

每個人心中都埋藏著「創業夢」，也都對此懷抱無限多的遐想，相信走上這條路自己便離成功不遠，但如果真的走上這條創業路您也會發現更多的未知與關卡需要克服，一路走來很艱辛也很無助，我相信這是每位老闆的心聲。然而，當個「夢想家」比起當個「實踐家」容易，當正式踏上創業旅程時，您會發現這是一個不一樣的世界，每天都在探索未知的問題，而您需要的是接觸到有著相同目標，同時在不同層面的奮鬥人，給予您創業路途中實質的建議與回饋，進而減少失敗的可能。

本書紀錄優秀的創業經驗與故事，從不同產業、不同角度，述說著不同的經驗，這本書更難能可貴的地方，是能協助您在創業這條路上提早避開問題、找到成功大門；本書從每個實業家萃取精華內容，並一一紀錄這些寶貴且無形的資產，用心記載值得您一看。

———元展理財（一展數位金融有限公司）

創辦人 Wil

打造後疫情時代的商機

　　一場世紀疫情大難，帶給我們有生以來前所未見的巨大衝擊，也讓許多有創意、具創業精神的人，在疫情期間看到人們的新需求，進而創造了新商機。這些傑出創業家，有的打破遊戲規則、有的突破各種關卡，以卓越的眼光與堅定的信念，各自開拓出一片天，也為台灣的企業版圖增添了美麗新景。

　　在危機之中勇於創業或堅持不懈的人，不一定天賦異稟，但一定是膽識過人且堅忍不拔。人們以為好點子會從天而降，更藉此一夕致富，可事實並非如此，之後還需具備將好點子實現的執行力與靈活性等，才能把創意變成好生意。

　　灣闊文化的編輯群慧眼獨具，為讀者精選、採訪、報導了其中多位創業家打造自己人生品牌的精彩故事，見證了疫情引爆的創業熱潮，也照亮了創新高手的逆襲之路。

————嘉義市萌寵動物醫院
院長陳博駿

目錄

顧問股份有限公司
藍海策略營銷管理

圖：藍海策略營銷公司認為回歸到誠信、透明，反而能獲取顧客的信任，提升成交的可能性，並吸引更多忠誠的回頭客

DSG

解決房仲業痛點，為其提供新解方

就如同歷史朝代興衰更迭，企業間的競爭不僅只是爭取市占率，爭的更是誰的商業模式在浪尖風口，能迎風而起、逆風高飛。近年來許多企業花費大把資源與精力積極開發新產品、拓展新市場，卻往往忽略「問題在哪裡，市場就在哪裡」，深耕房地產領域多年的「藍海策略營銷管理顧問股份有限公司」相信，創新仍須回歸到商業本質，找出顧客無法被滿足的需求並改善產業陋習、跳脫舊有的思維框架，才能開創新價值。

透明與誠信，邁向成功的重要基石

有人比喻房仲業宛如大型劇場，為了讓買賣雙方給足服務費，房仲需要演出與屋主辛苦周旋、難為的戲碼，讓買主看見業務的辛苦。有時，仲介缺乏充裕的買方名單，為了營造熱度假象，更會請親友扮演有意願的買方看屋，或是帶不適合的客戶胡亂看房。除此之外，每間房屋仲介公司維繫公司營運的重要關鍵，即是需要大量的房屋託售，公司往往會規定自家業務，每個月必須有數件的託售案源；這樣的制度，也讓房仲業不時傳出互控抹黑、惡質競爭的事件，讓屋主不堪其擾。

藍海策略執行長吳鎮森表示：「有時儘管仲介成功獲得屋主委託，但卻也只是帶回公司交差了事，無心為業主服務，這對屋主其實非常不公平，過去我曾發現一間店，在一個區域有 400 多間委託，但實際上販售的不到 5 間，其他 390 幾間只是擺著，我認為這種狀況實在不應該繼續。」由於上述的亂象和買賣雙方與房仲交手後的負面經驗，三方漸漸無法建立信任關係，委託和販售過程中都充滿「諜對諜」的氛圍，房仲的社會形象也漸漸下滑。

不少人都對房仲這項職業，有著話術多、不誠實的形象，這讓吳鎮森不禁思考，難道以更誠實、透明的方式服務顧客，就無法成交嗎？在累積豐富的房仲經驗後，他發現充滿各種套路或話術的成交模式，多數是店長或前輩傳承下來教導新進業務的方式，但卻不是最佳模式，回歸到誠信、透明，反而能獲取顧客的信任，提升成交的可能性，並吸引更多忠誠的回頭客。

圖：藍海策略擅長以跳脫傳統思維的營銷方式，為物件帶來高關注度與曝光度

共榮與共利，拒絕零和的多方共贏思維

2021 年，為了改善房仲亂象，並帶給不動產買賣雙方更佳的效率，吳鎮森創立「藍海策略營銷管理顧問股份有限公司」，運用創新的不動產運作模式，以全台唯一的「不動產交易媒合管理系統及辦法專利」，優化房仲的銷售行為，並積極排除市場上仲介公司對業主造成的不當困擾，提升物件銷售效率及品質。

截至 2022 年年底，全台就有 8367 間仲介業者，藍海策略積極整合 8000 多間仲介公司，達到每項案件能在短時間內，過濾出適合參與銷售該物件的仲介公司，組成專屬銷售團隊，將物件免費上傳至各大售屋網站、社群及社團，讓物件擁有高曝光度，這種創新的做法徹底免除過去屋主需要一人對多間房屋仲介的麻煩。此外，過去業主因委託多家仲介公司銷售，常面臨買方出價落差大，賣方被各仲介公司要求配合降價的局面；藉由藍海策略的創新模式，這種困擾則迎刃而解，從帶看、議價、簽約至點交，藍海策略都能代理業主處理各項環節、同時守住價格，在行情範圍內賣出合理的金額。

然而，藍海策略不僅以跳脫傳統思維的模式，在市場面下足功夫，他們更相信商業中的零和賽局並非唯一答案，如何創造出雙贏局面，整合多方利益，為企業、客戶、合作夥伴、員工和利害關係人都創造贏面，更為重要。

這個台灣首創的銷售模式一推出，就深獲不少商用不動產業主激賞，曾有一個咖啡店業主在委託仲介販售時，仲介單純以住宅方式販售，導致價格越砍越低，他們因此找上藍海策略的協助。藍海策略分析此物件全屋兩層樓，有著精緻歐洲風格裝潢和綠意盎然的小花園，過去曾是八大偶像劇《親愛的，我愛上別人了》劇中的書店兼咖啡館，其實深具潛力。因此他們利用物件本身的優勢，並邀請社福團體麥子庇護工場、博幼基金會一同擺攤宣傳，兩場活動都吸引上百位的仲介到訪簽委託，不僅帶來人氣，也為社福團體增加宣傳的機會，創造雙贏。

圖：委託日熱絡的氣氛，當日來訪約百位菁英仲介

圖：藍海策略不僅有跳脫傳統思維的模式，他們更相信商業中的零和賽局並非唯一答案，如何創造出雙贏局更為重要

運用營銷策略，助攻銷售創造佳績

不少仲介都會抱怨，近年房市好景氣，仲介店面一間挨著一間開，宛如便利商店般普遍，房仲早已進入競爭緊繃的白熱化階段。可吳鎮森卻不認為這是創業的危機，因為儘管在發展成熟、競爭激烈的市場空間，乍看之下發展前景似乎不如從前，但只要有買賣交易的行為，就必定存在「藍海」，而這就是一個值得深耕的機會。

除了觀察市場的脈動，找到產業遲遲無法被解決的痛點，營銷也是耕耘藍海的其中一項重要環節。他比喻，仲介做的是行銷，藍海策略則是一間營銷公司，兩者有很大的差異性，以賣 100 箱礦泉水為例，即使是一個業務高手要在馬路邊擺攤賣礦泉水，也會相當困難，因為附近圍繞多間便利商店的競爭。「所以藍海策略會怎麼做？我們會改變銷售環境，把 100 箱礦泉水搬到馬拉松賽事現場，即使是不擅銷售的人，也能很快完銷。如同上述的咖啡廳，我們協助在現場辦活動或是造勢，打造一個利於銷售的環境，並提高仲介全力銷售物件的動力，排除各種不利銷售的狀況。」吳鎮森說明。

以不動產行業而言，仲介主要的收入來自於服務費，但單價越高的物件，服務費往往越低，超過四千萬的物件，服務費往往只剩下 1%，但透過藍海策略精準的營銷細節，加上販售模式的轉變，則能給予仲介高於市場水平的服務費，這成了吸引許多仲介投入的動力，不僅能在更利於銷售的環境成交，同時也賺取更好的收入。

圖：創造利於銷售的環境並結合全台仲介的業務實力，讓藍海策略經手的每個案件都吸引市場的目光

圖：藍海策略相信只要能提供效率及便利的服務，必定能開創出嶄新的市場樣態

顛覆者的崛起，市場遊戲規則現正改變中

　　致力於開創尚未被開發的全新市場、創造獨一無二新商業模式的藍海策略，可謂是房地產行業的 Game Changer（顛覆產業規則者），但在創業初期，吳鎮森坦言這並不容易，「草創時期，我直接和各大品牌談合作，但他們往往不認為可以這麼做，也不太重視這個模式，後來我想與其花費時間溝通，不如實作證明給他們看。」

　　藍海策略營運至今已逾兩年，大型商業不動產業主對於這項能解決痛點的銷售模式相當認同，但多數住宅業主卻仍處觀望階段。吳鎮森分析，「一般住宅民眾跟企業主的思維方式還是不太一樣，商業不動產業主焦點著重於，物件是否能在行情範圍內賣出合理價格，至於在此價格之上的操作，營銷公司或仲介端的利潤多寡，就各憑本事，該賺多少就賺多少。」但住宅類型的業主若聽到新的銷售模式能為營銷公司或仲介帶來更多收益時，往往就心生抗拒。

　　儘管藍海策略初期業務拓展不如吳鎮森的想像，但他仍相信無論是哪一種產品、服務或模式，只要能帶給人們效率及便利，未來一定能取代舊思維，開創出嶄新的市場樣態。「就像是手機剛問世的時候，呼叫器業者（BB.Call）必定強力反對手機的出現，但這是難以抵擋的趨勢，只要能帶給人類更多的便利，一定會有市場，對於企業也是如此，只要是做『正確的事』，企業絕對能永續經營。」

自我覺察，實現人生理想的關鍵時刻

不少人都想知道什麼是創業的最佳時機？根據不同產業、商業模式和最終目標，這個問題其實沒有標準答案。詢問吳鎮森，究竟何時萌生創業的想法，他形容那是一種「覺醒」的時刻。在房仲業多年，他具有豐富的知識與經驗，也看到整個產業急需改變之處，某日他躺在床上，拿著枕頭蓋住頭部，想像若在此時生命走到盡頭，會是什麼光景？這讓他頓時意識到：「很多事情尚未完成、想為產業帶來的改變尚未發生」，想著想著，他不禁掉下眼淚，卻也下定決心，從此不要再浪費任何分秒。

吳鎮森說：「覺醒的那一剎那，彷彿是用鳥瞰的視角看著世界，以這樣的視角能更清晰地看見市場的動向，並發現市場機制運轉時出現的不順或是坑洞，我稱這為『結構洞』，而這也是我們的著力點，只要想方設法解決，就能創造市場中的藍海。」

為消費者帶來更具效率的交易模式，和透明、誠信的服務關係，吳鎮森同時也迫切希望改變人們對於房仲業者的印象。「不管在簽約或是其他的場合，你都會看到仲介站在會議桌兩旁，宛如服務生一般，我認為這不是不動產從業人員該有的樣貌。」藍海策略計畫在不久的將來，推出不動產從業人員的專業訓練，提高人員的職能專業度與職業含金量，協助房仲與顧客之間，有更佳的信任度和良善的溝通互動，並打破房仲如同服務生的樣貌，成為能為顧客帶來價值的不動產專業規劃師。

圖：藍海策略急欲改善房仲業長期為人詬病的問題，為其建立正面形象

先捨後得，雪中送炭做公益

多數處於創業初期階段的老闆，不外乎想的就是損益兩平、減輕資金壓力或提高利潤，但吳鎮森想的卻不只是如此，他了解凡事必定是「先捨後得」，因此創業初期，他尋找社會工作背景人才組成藍海企劃部門，規劃不少熱血的計畫，像是「帶著植物人一起去墾丁遊玩」或是「安寧病患的圓夢計畫」，希望透過企業的力量，關懷弱勢族群，也為社會帶來正面的影響力。

儘管這兩項計畫皆因疫情的擾亂仍在醞釀階段，但藍海策略相信 2023 年，等疫情情勢更加明朗時，絕對能奉獻一己之力，為更多民眾實現夢想。就如同藍海策略所象徵的意義，他們所選的公益主題，也是少有人做、少有人關注的議題，希望能為台灣社會帶來不同的影響。

2022 年，藍海策略為了幫助偏鄉孩子更了解各行業的工作型態，與博幼基金會合作，舉辦「術業有專攻，圓孩子一個夢」影片選拔，吸引各領域人才參加，成功拓展偏鄉孩子的視野，找到未來發展的目標與方向。

目前藍海策略辦公據點設於台中，整個業務觸角則是遍及全台，他們相信：「各行各業都有其固定營銷模式執行或開發，但只要開創出尚未被開發的全新市場，即能創造出獨一無二價值的『新商業模式』。」以商業不動產起家的藍海策略，期待未來將此思維格局，應用於更多領域和產業，為民眾帶來更多的便利與效率。

品牌核心價值

創造多方共贏的局勢。

經營者語錄

天上不會掉下來餡餅，取之於社會，用之於社會，是先捨後得！

給讀者的話

不要想你的產品和服務能夠賺多少錢，該想的是，這產品和服務能夠解決民眾什麼問題，設計產品時需以解決民眾問題為目標，如此才能立於不敗。另外，唐僧取經不是等人到齊才出發，創業初期成立團隊亦是如此，勇敢的跨出第一步，是所有成功企業家的共通點！

藍海策略營銷管理顧問股份有限公司

公司地址：台中市大里區國光路二段 500 號 5 樓之 1
聯絡電話：04-24853656
Facebook：藍海策略營銷管理顧問股份有限公司
產品服務：不動產營銷管理服務

有限公司
易晶綠能系統

圖：易晶綠能成立於 2014 年，總公司設於台北，並於嘉義設立辦公室，主要提供太陽能發電系統建置和併網型儲能項目之服務

一條龍服務的專業陽光團隊

　　二十一世紀的今天，世界各國所關注的環境保護與能源轉型已非新議題，再生能源的穩定運用已是人類的共識和未來之趨勢，其中，國際能源機構早在 2011 年預測，太陽能發電會在五十年內成為全球主要的電力來源。易晶綠能系統有限公司，致力於推廣再生能源產業，是提供太陽能發電與儲能系統的「陽光企業」，透過專業團隊，從施作評估、設計規劃、工程建造到監控維運，提供業主完整的二十年一條龍服務，更是國內產業龍頭的重要合作夥伴。

以遠見與勇氣，開拓新興產業一片天

　　易晶綠能總經理周耀沅談起創業前後，表示自己原先從事投資行業，對於存股和被動收入皆有了解和興趣，工作上也經常接觸來自各方的專業人士，因而了解到太陽光電產業，「以被動收入來說，太陽能發電是一個蠻有趣的投資項目，電廠蓋好之後它不需要人力維持運作，就能為投資者帶來長達二十年的持續收益。」彼時，世界各國已對全球暖化相關議題給予極大程度的重視，利用再生能源取代過去的石化燃料，以大幅降低碳排放量，是科學家和環境專家多年來不斷尋求的解決方案，發展再生能源必是未來趨勢，富有遠見的周耀沅認為太陽光電產業非常值得認識及深入研究。

　　周耀沅表示，早期台灣對太陽光電領域有所了解的專業人士較少，政府也尚未頒布相關的法令，透過在歐美國家從事太陽能板銷售的業者，將其概念和制度引領回台，才逐漸在國內形成氣候。「當時它算是個藍海市場，在該時間點切入創業是有利基的。」因為看見新興產業的潛力，周耀沅憑藉勇氣與努力，成立「易晶綠能系統有限公司」，正式踏入太陽光電產業。

突破關卡的兩把鑰匙：提升專業度與累積經驗

創業必然是辛苦的，選擇太陽光電領域更是充滿困難和挑戰。鑑於當時真正了解該領域的人極少，專業人才的尋覓並不容易，周耀沅回想說道：「很多東西一開始都要自己先下去接觸，然後才是新進同事的工作培訓。」親力親為、了解每一個工作環節，並積極培養解決問題的能力，讓周耀沅順利帶領公司團隊大步前進。

談到太陽能發電，周耀沅表示該產業屬於資本密集型產業，早期要幫客戶找融資管道並不順利，「大多數的金融機構都不太會接受，也不理解這是什麼東西。」而就技術層面來說，太陽光電產業主要涵蓋土地開發整合與營造兩階段，前後各有其難度存在，舉例來說：這些年來，層出不窮的負面新聞及錯誤資訊使民間對太陽光電產業多有誤解，農漁民深怕落入被吸金詐財的騙局之中，周耀沅表示，和地主有效溝通並取得地主的信賴是最重要的關鍵；對此，易晶綠能亦向地主提出目前申請並完成的知名案例作為參考依據，來提升公司的可信度。

由於是新興產業，在申請程序上也容易面臨阻礙，原因在於當時許多政府機關之基層承辦員未有相關承辦經驗，讓公司業務在執行上產生了一定的難度，「法令時刻在變動，因此一定要熟悉並掌握相關法令的動態；我們也會透過其它地區的承辦經驗，協助承辦員完成申請程序，否則這個案件會擱置非常久。」在取得政府主管機關的函文和同意書後，才正式進入營造的階段，開始為業主建置太陽能發電系統。

所幸，隨著時間的演進，台灣對於環保議題、土地使用理念、太陽光電產業及相關政策的推動，都有了顯著的進步和改變，例如：引進起源於德國、目前在全球已有超過七十個國家廣泛應用的躉購費率制度（Feed-in Tariff, FIT），增進投資方投入再生能源的興趣，也間接促使易晶綠能穩步邁向蓬勃發展。

圖：易晶綠能團隊突破層層關卡，為業主帶來高度專業的服務

圖：從大型地面型、屋頂型、政府機關標案，易晶綠能在全台灣皆有優異的建置實績

靈活運用閒暇空間，實踐「太陽光電」永續理念

　　數十年來，世界因全球暖化和氣候變遷等問題，促使專家開始呼籲人類應降低對石化燃料的依賴，轉而使用可達到低碳節能的替代性能源，多國因而計劃開展核能發電，然而，2011 年的日本福島核災發生後，令許多原先以擴核計劃為首的國家有所警惕，紛紛轉往投入再生能源。

　　太陽能發電，即是再生能源的一種，顧名思義就是把陽光轉換成電能。易晶綠能系統有限公司，為一家於太陽光電系統之設計規劃、施工監造並擁有多年維運管理經驗的再生能源公司，除了曾與多家知名企業合作，也參與超過 350 MW的大型地面太陽能電廠建造案，擁有豐富的業界經驗，是眾多投資商所信賴的專業團隊。

　　談起太陽能發電，周耀沅表示，現在的轉換效率已有所提升，建置成本的降低也使其電價漸趨民生用電，可大眾對太陽能發電仍有環境保護上的思量。「在台灣，土質鹽化和地層下陷的土地占有一萬公頃以上，我們把這些閒暇空間重新規劃、再利用於太陽能發電上，不僅不會破壞土壤，反而能讓鹽化的土地休生養息，停止抽取地下水、減緩地層下陷的危機，也能讓原本面臨種植困境的農民有一份安心的收入。」

　　對此，環保團體更關心的則是二十年後太陽能板壽命一到，龐大的廢棄物該如何處理，周耀沅說明經濟部早已提出應對方法：與環保署設立太陽能模組回收機制，意即設置者將預繳每瓩一千元的模組回收基金，以提高未來回收業者回收太陽能模組的動力，減少環境保護層面的疑慮。

圖：易晶綠能提供業主完整的二十年一條龍服務，更是國內產業龍頭的重要合作夥伴

「漁電共生」創造雙贏新指標

　　易晶綠能的太陽能專案中，亦有民眾幾乎每天都能在新聞上看到相關報導的「漁電共生」開發項目，就字面上來看，漁電共生是一種養殖漁業與太陽光電產業相結合的經營模式。「以台灣土地的情況來說，地主都不同且私地面積大，所以不管是農業還是漁業，發展的都是小農小漁，要經營一百公頃或更大規模的養殖區，以台灣的環境來說不太可能做到，在沒有巨大經濟效益的情形下，有能力和技術的人都會前往東南亞發展，而留在台灣的小農小漁大多沒有產銷能力，只能將種、養殖的成果賣給無須承擔風險、能從中高度獲利的盤商。」要解決該困境，漁電共生「養殖為本、光電為輔」的生產模式就是一種改變產業生態的方法。

　　戶外型漁電共生，指的是公司向漁民承租整筆土地，其中40%的土地應用於發展太陽能發電，另外60%則維持養殖本業，周耀沅解釋道：「在漁電共生的政策下，政府每年都會做養殖業的審查，看實際養殖的成績如何，所以發展太陽能產業的前提，是我們必須協助漁民做養殖和銷售，達成真正『養殖為本、光電為輔』的目標。」透過漁電共生，漁民不僅能兼顧養殖本業、穩定發展，更能透過租借土地，獲得較高額的租金作為固定收入，不論是養殖漁業還是太陽光電產業，都能共同走向更完善的發展，創造產業雙贏的結果。

圖:除了太陽能光電產業,易晶綠能亦與嘉義大學合作養殖技術轉移,
發展「漁電共生」

圖：為順應能源轉型的方向，易晶綠能推廣儲能項目並規劃充電站，
目前已擁有超過 10% 的市占率

擁有長久的市場價值，在於能夠解決問題

近年創業當老闆是一大趨勢，在談到經營公司或品牌的心法，周耀沅重點式切入主題，並答道：「所有問題到了老闆身上，一定要有答案。」因此，經營者必須不斷地精進自己的常識、知識和專業度，並且親力親為，針對問題要給的出答案之外，更要能夠獨立解決問題，這是創業過程中最具有挑戰性的事情。

除了經營者自身的專業和經驗必須精實提升以外，經營者更必須讓公司跟上產業的變動，與時代一同進步成長，「產業的輪動很快，只要稍微猶豫或沒有看清方向，就會跟不上某一波的輪動。」市場現實是殘酷的，沒跟上產業輪動意味著將失去掌握未來的機會。

訪談末，周耀沅回到諸多問題的本質，認為經營者是否能夠站在客戶的立場思考問題非常重要，並舉例談道：「像是 2016 年的時候，太陽光電產業裡沒有人在討論所謂維運的問題，但那時我們就花費高額資金去做這件事情。」因為能夠明白客戶真正需要什麼，並提供相應而周全的服務，客戶才會有所信任，公司及品牌也得以永續經營。

圖：從周耀沅總經理身上，可看見創業家和經營者需同時具備的膽識、執行力與領導特質

品牌核心價值

易晶綠能以太陽能光電與再生能源產業為主，秉持「誠信、務實、創新、分享」的經營理念與「專業、一條龍」的服務方式，為客戶作最完善的規劃，且以「永續經營」為目標、堅持製造品質，以促進閒暇空間資源之再利用，亦為地球的永續發展盡一份心力，精實履行企業之社會責任。

經營者語錄

主動讓利予客戶、員工、同行，把餅做大，勿將對的人放在錯的位置。

給讀者的話

遇到困難與問題不要懼怕，正確的態度是：找出發生的原因避免重蹈覆徹。

易晶綠能系統有限公司

公司地址：嘉義市西區中興路 127 號 9 樓
聯絡電話：05-2325366
Facebook：易晶綠能 Yi Jing - 太陽光電團隊
Instagram：@yjss24576623

圖：沛瑪時尚美醫診所期盼醫美療程的門檻對於大眾來說，不再是高遠而不可觸及的

卓越的醫美專業，預見更美好的自己

每個人都在創造屬於自己的生活與故事，在此之中，是由令人期待的、雀躍的、幸福的、失落的以及悲傷的心情所串連而成，並藉由人生中的每個故事達到自我成長和蛻變。沛瑪時尚美醫診所，自 2016 年起矗立於桃園藝文特區，以卓越的醫美專業、具使命感的服務熱忱與品質精良的儀器、產品，成為當地超卓的醫美院所，吸引許多盼望著「蛻變」的顧客慕名前來；對此，沛瑪時尚美醫診所真誠地將每一位顧客視為摯友，希望透過其專業的協助，把正確的美麗知識傳遞給社會大眾，共創一個自信而美麗的幸福人生。遇見沛瑪時尚美醫診所，預見更美好的自己，或許，有些人生故事正要開始轉折……。

美麗的初始，是一份對於美的熱忱

2016 年春天，一家致力於幫助顧客找回自信和美麗的醫美診所「沛瑪時尚美醫診所」始於桃園繁華的藝文特區嶄露光芒，藉由與執行長 Fenny 的對談，其中諸多美麗的訊息即將在此一一釋放。「沛瑪的名字其實別具意義，『沛』象徵著源源不絕的水流，希望可以為顧客帶來長遠的自信美；而『瑪』則有婀娜多姿之意，是一種美麗的境界。因此，領會到『沛瑪』的意義，就能聯想到它與醫美產業是息息相關的。」執行長 Fenny 富有熱忱地解釋著診所名字的由來。

談及創業初始，執行長 Fenny 表示，沛瑪時尚美醫診所之所以將「美」字放在「醫」字之前，與個人故事及品牌歷程頗有淵源，Fenny 分享：「自幼我深刻地受到父母的薰陶，父親本身從商，母親則希望我繼承父親衣缽，送我學習商業相關技能和知識，但我真正有興趣的是有關於藝術，對於色彩與美感都十分敏銳；於是，最初我踏入了美容護膚產業，直到十五年前醫美開始在台灣活躍

起來，才轉而投注在醫美產業裡，並且希望能將我對醫美的理念賦予在創立的品牌之中。」執行長 Fenny 所提到的理念，正是所謂的「醫美生活化」，期盼醫美療程的門檻對於大眾來說，不再是高遠而不可觸及的，與之相反，它將成為一趟每位顧客皆可觸及、擁有，進而投入的蛻變旅程。

自 2016 年至今，沛瑪時尚美醫診所已發展出具系統和規模，包括六位醫師在內，總共二十人的專業醫美團隊，並精實地深耕於桃園的藝文特區，成為當地變自信、變美麗的代名詞，而這一切都來自於 Fenny 對藝術美感的熱忱，以及創業初始即擁護的價值初心。

圖：沛瑪時尚美醫診所位於交通十分便利的桃園藝文特區，深受眾多顧客的喜愛與信任

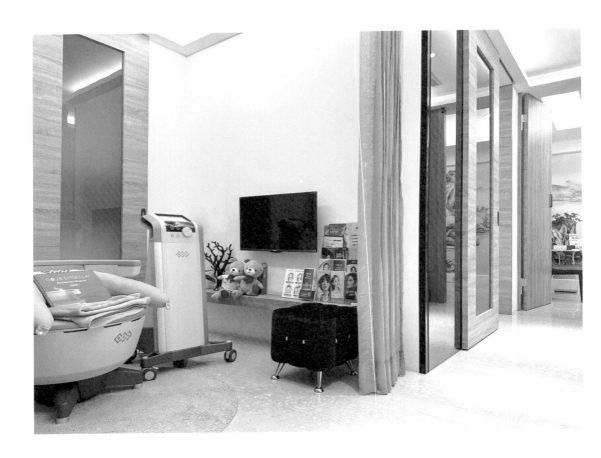

品牌價值即是競爭力

回顧創業，一切依然歷歷在目，身為創業家的執行長 Fenny 透露，每位創業者在創業前期會遇到的困難，最主要就是客流量不足的問題；尤其在醫美產業相當盛行、競爭且消費族群甚有力道的桃園藝文特區，要從眾多醫美院所之中脫穎而出，並成為顧客的心中首選更是難上加難。

「選擇在藝文特區主要是因為它是桃園的蛋黃地區，已具備眾多創業者所嚮往的人潮優勢，但一開始仍需要花費心力克服客流量的問題，因此，前半年到一年的時間，我們透過提供穩定的服務與價值作為經營的根基，初期藉著顧客對於醫美療程和服務的滿意度口耳相傳，慢慢帶來長久且忠實的顧客；接著，在客流量逐漸穩定成長後，我們增加主動宣傳的幅度，也在近日發達的社群媒體上有所規劃。不過，世界改變得太快，一場為期三年的疫情就讓一切變得不一樣。」Fenny 表示，從商業的角度切入，在過去以量制價或許可以帶來收益，但經過三年疫情的洗禮，大眾的生活觀點早已改變。

執行長 Fenny 認為，不同於過去，當前最具競爭力的即是「品牌價值」。作為一個品牌內在靈魂的它，引導著其發展的主軸與方向，唯有顧客認同了品牌價值，才會帶來高黏著度，品牌未

圖：優美、舒適而明亮的診所環境，消除了顧客對療程的緊張感，讓醫美成為一種生活享受

來的康莊大道亦將由此敞開。談到沛瑪時尚美醫診所的品牌價值，執行長 Fenny 說：「美麗未必昂貴，改變的方法何其多，而我們的目標只有一個，就是幫助顧客找回自信與美麗，同時希望能讓他們預見更美好的自己。顧客過得健康、開心，就是我們的價值目標。」

　　此外，在疫情前後，Fenny 也曾面臨創業者都可能會陷入的兩難問題。疫情來臨以前，鑑於客流量逐漸攀升近頂峰，診療間和等候走廊漸趨擁擠，服務品質亦受到嚴重影響，Fenny 決心改善診所的環境，規劃向外擴展兩百坪空間，卻不巧遇上疫情來攪局，不過，Fenny 並未受到絲毫動搖，依舊在疫情期間按照原定計畫，擴展並優化診所的環境。旁人問，疫情期間沒有顧客前來，為何要耗資擴大經營？執行長 Fenny 給予的答覆俐落而有遠見：「我認為疫情終究會過去，而我必須以顧客的需求為出發點，關心和照顧他們，並運用此期間加強員工的教育訓練，提供他們健康的飲食及專業的課程，縱使疫情間沒有顧客上門，我們仍然以紫外線消毒並清潔診所內的每個角落，樂觀積極地等待顧客慢慢回流。感謝我的團隊相信我，這一切都需要全體相當的智慧與能力才能達成。」在談話間，充滿著 Fenny 對顧客及團隊的關懷與用心。

圖：沛瑪時尚美醫診所的目標只有一個，就是幫助顧客找回自信與美麗，同時希望能讓他們預見更美好的自己

用良善與時光逆行，成為內外兼美的可人兒

　　擁有眾多忠實顧客的沛瑪時尚美醫診所，目前提供的專業醫美療程與服務項目豐富多元，從雷射治療（皮秒雷射、FLX 鳳凰電波、海芙音波拉提）、微整形、美容治療、私密療程至美容護膚相關的 She Shines 都在其服務範圍之中。

　　「在大眾逐漸與疫情共存後，出門次數的增加也會促使大家開始注意自己的外在保養，沛瑪的 FLX 鳳凰電波和海芙音波拉提在操作完成後的效果佳，沒有傷口也不會造成紅腫，前三個月皮膚緊實度將產生細微而美麗的變化，其中 FLX 鳳凰電波則被稱為『與時光逆行』。」執行長 Fenny 講述著診所的醫美療程及服務項目。

　　講述之際，Fenny 不忘創立醫美品牌初期期盼達成「醫美生活化」的初心。在其理想之中，除了促進醫美療程能平易近人之外，也希望建立顧客心中的擁有感，因此，沛瑪長期關注兒童和婦女弱勢團體。本身也是一位母親的 Fenny 有個美麗又善良的願望，便是邀請沛瑪時尚美醫診所的顧客，在享受醫美療程的同時，一起做公益，讓每一次消費的意義不僅止於變美麗，還要祝願這個世界變得更正向與良善，「取之於社會，應當回饋於社會，希望透過做公益，提升顧客對於醫美療程的踏實感。」Fenny 表示。

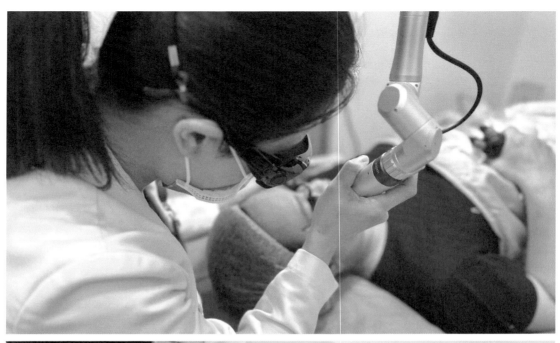

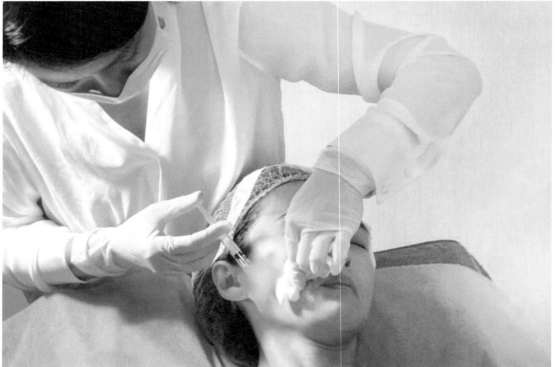

圖：醫師的專業與執行長的親切呵護，為沛瑪時尚美醫診所展現出精實的軟硬實力

來自創業家的堅持和承諾

若問從執行長 Fenny 身上，看見了何種創業成功的關鍵因素，身邊朋友經常對她說的便是「堅持」二字。「周圍朋友時常說，我會為了一個細微之處而堅持，希望它能變得更好，有時旁人會問，到底在堅持什麼？然而，我明白我所執行的一切，都是為了未來做準備，沛瑪的醫療技術、品質與服務成果，一切都來自於堅持以及確實做好把關。」誠如過去 Fenny 在面對疫情和擴大經營的抉擇時，所展現出的遠見和恆心一樣。

創立至今六年，沛瑪時尚美醫診所除了深耕桃園藝文特區，未來也展望能夠自桃園出發，向南延伸，提供全台灣更大的服務體系，藉由賦予正能量、信心與活力，使顧客、團隊及合作夥伴都能夠預見更美好的自己，這也是執行長 Fenny 身為經營者對顧客和團隊所許下的真摯承諾。

圖：執行長 Fenny 以堅定而柔軟的力量，帶領沛瑪時尚美醫診所前進，祈願為更多顧客創造自信又美麗的幸福人生

品牌核心價值

沛瑪時尚美醫診所秉持著卓越的醫美專業、具使命感的服務熱忱，期盼成為每一位顧客最真誠的摯友，傳遞由內至外正確的美麗知識，共創自信而美麗的幸福人生。

經營者語錄

預見更美好的自己。

給讀者的話

美麗未必昂貴，變美的方式何其多，對沛瑪來說終點只有一個，就是幫你找回自信與美麗。歲月裡你並不孤單，有沛瑪美醫診所陪你走過。

沛瑪時尚美醫診所

公司地址：桃園市桃園區南平路 588 號
聯絡電話：03-3010277
官方網站：https://fullness588.com.tw
Facebook：沛瑪醫美『桃園店』- 肉毒、拉提、雷射、玻尿酸
Instagram：@fullness588

4k 手作烘焙

圖：位在新北市三重區，4k 手作烘焙店面小巧溫馨

用烘焙的迷人香氣，傳遞剛出爐的美好

　　講到甜點，是否總讓人想起烘焙坊裡鬆軟香濃、可口誘人，吃起來又帶點「罪惡感」的蛋糕呢？遇見新北市三重區的 4k 手作烘焙，即會顛覆原先對蛋糕的想像，除了口味多元，表層更採用各式水果扎實而飽滿地點綴，清爽的內餡口感細緻綿密，如此豐富的真材實料使 4k 手作烘焙在街坊間、網路上佳評如潮，是徹底滿足現代人對健康需求、美食標準的絕佳滋味！

由禮盒出發，自蛋糕茁壯

　　「擁有如太陽般熱忱的烘焙少年」，這是 4k 手作烘焙老闆林士凱對自身的形容，訪談間士凱也正如他所描述的，有著一顆熱愛烘焙，宛如太陽般熾熱的心。「4k」其實是士凱的綽號，希望透過簡單又有力的品牌名稱，拉近與客人之間的距離，宛如一位熟悉的友人般，把自己親手做的蛋糕、甜點，在每個節日裡，送至每一位客人手上。

　　4k 手作烘焙品牌成立至今已邁過五年，成立之初，士凱是位受雇於烘焙坊的麵包師傅，在烤爐和大小節日間烘焙著自己的年歲；後來，他有了這樣的想法：「烘焙業有所謂的大節，像是過年、中秋節等，從我工作的第一家傳統餅店到後來的烘焙店，都有推出牛軋糖和月餅禮盒，我便思考自己做、自己賣的可能性。」4k 手作烘焙，自士凱想嘗試的想法中逐漸萌芽，從初期的伴手禮盒，到往後接連推出的乳酪蛋糕、奶霜蛋糕到千層蛋糕，品牌也由網路轉為實體店面，漸漸地成長茁壯，成為三重巷弄裡清新活力的存在。

圖：4k 手作烘焙品牌成立至今已邁過五年，由網路轉為實體店面，漸漸地成長茁壯，成為三重巷弄裡清新活力的存在

「2021 年，我開發了蛋糕的品項，第一年僅賣出五個，但第二年母親節期間，算是被看見了，蛋糕訂單破百、業績明顯提升，在那時候我就決定離職，專心經營 4k 手作烘焙。」一切仍然歷歷在目，而新的一年，士凱也對品牌有了嶄新的期許，不變的是，他依然是那位想藉由蛋糕，將自己心中的陽光，傳遞給客人的烘焙少年，並且期待客人在與家人、朋友分享蛋糕的過程中，能夠得到喜悅。

天然、健康、低糖的別緻手工蛋糕

　　從士凱決定要販售自己製作的禮盒和蛋糕開始，他已有了獨特見解和看法；相較於先前工作的傳統餅店，糕點以傳統配方為主，多為含有加工奶油和反式脂肪的原物料，士凱深知現代人講求健康之道，在飲食上即便是甜點，也嚮往更為天然、低糖的作法。「以蛋糕來說，我們持續學習、開發新品項，堅持使用來自日本、法國和紐西蘭的生乳霜調配，再以減糖的方式呈現，所以蛋糕吃起來口感清爽自然，不會有傳統鮮奶油甜膩的味道。」士凱熱忱地談著自己對蛋糕製作的理念堅持。

　　在調製出屬於自己風味的甜點配方後，先行品嚐的是支持著士凱的家人，他們紛紛讚賞：「味道、口感跟外面不太一樣，很不錯！」4k 手作烘焙自此一路從伴手禮盒拓展至蛋糕領域，且今後更要以手工蛋糕的形式持續創新。

　　目前 4k 手作烘焙主打的品項，除了原先的伴手禮盒系列，士凱也將晉升為人父的喜悅透過彌月蛋糕散播至擁有同樣幸福的家庭，並開發出乳酪和手工蛋糕系列甜品，口味兼具多元與創意，從玫瑰優格乳酪、皇家優格乳酪、經典重乳酪、宇治抹茶乳酪、巴斯克乳酪、伯爵乳酪蛋糕，到伯爵茶蛋糕、芋仔蛋糕、草莓蛋糕、綠葡萄蛋糕、鮮奶油蛋糕、巧克力蛋糕、黑森林蛋糕，每一種都出自士凱之手，令來客念念不忘、定期回購的絕美風味。

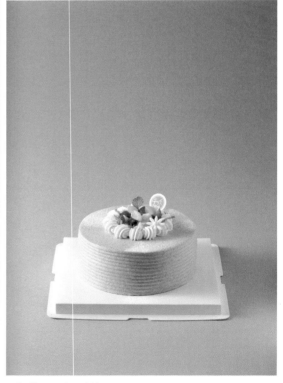

圖：4k 手作烘焙蛋糕口味選擇多元，由左至右，分別為：草莓奶霜、伯爵奶霜、水果岩燒千層

圖：由左上至右下，分別為：水果奶霜、芋頭奶霜、草莓岩燒奶霜、可可奶霜

分享，美好的事物才能被看見

製作出美味的蛋糕還不夠，蛋糕要被分享和品嚐，才是好蛋糕。從一開始僅賣出五個蛋糕，到隔年訂單直接破百，士凱除了擁有優秀的烘焙技法，對於網路上的行銷推廣也十分在行，士凱充滿感激地提到：「最初看到只賣出五個蛋糕，我當然感到畏懼，會想自己創業到底行不行？很感恩的是，有一位部落客朋友，他答應幫忙試吃、撰文跟推廣，後來陸續藉由這樣的推廣行銷，我們的產品慢慢被看見，也就有了隔年母親節破百單的奇蹟。」

然而，士凱所說的部落客推廣，並不是一般人認知中的產品互惠及撰寫試吃文章，在如此微小的細節裡，藏匿著士凱自己的堅持。「尋求部落客推廣產品，我想做的並不是提供蛋糕，然後請對方幫我寫好話，那樣太不真實，也不是我嚮往的方式，我更傾向以分享的心情讓對方品嚐，請他依照實際的試吃體驗，把自己的想法、蛋糕的優點和缺點，完整地記錄下來，這樣才是真正的客觀，更是與 4k 手作烘焙的理念相符的真誠。」

藉著部落客推廣、粉絲來下單，4k 手作烘焙的業績穩定提升，士凱開始著手經營 Google 商家，並且在社群上分享更多手工蛋糕製程與個人創業想法，讓客人在吃進美味時，也品味老闆想傳達的品牌精神。士凱的創業之路看來平穩踏實，但問及創業難之所在，亦是有的。

「初期和部落客合作，都是一次性的，也就是合作後短時間內會明顯看見流量和訂單，可是結束之後就會逐漸回到原本的曝光量。」初期的起伏，甚至偶爾「打回原形」，士凱也曾經有過自我懷疑的心情；一路走來，累積了不少品牌行銷與經營的經驗，士凱建議：「面臨困境時，不要花太多時間深陷在情緒面，也就是檢討自己或抱怨當下的情況，相反地，專注在事情本身，把需要改進的地方用盡全力去嘗試和提升就對了！」

圖：做出美味的蛋糕、努力提升可改進的地方，4k 手作烘焙的流量和訂單也穩定上升

上圖：黑森林奶霜
下圖：蕾夢奶霜

在墜谷來臨前，勇敢踏上新浪潮

　　專注在可以改進的項目，並持續提升各面向的品質，是士凱經營 4k 手作烘焙的不二法門，他也經常以此鞭策自我，因為市場畢竟是殘酷的，只要時間仍在流動，市場的趨勢、消費者的觀念及喜好都會不斷改變，作為一名成功的創業者必須做的，便是將自身的心態調整至正確的位置，不斷追求創新和進步；不被市場淘汰，才可達成品牌的永續經營。士凱說：「雖然業績有所提升，但我明白，只要依然走在創業的路上，就絕不可以做到一個高點就停下來；尤其從事烘焙業的人如此多、加上網路的便捷，現今的消費者有眾多不同的選擇，品牌一定要有讓客人傾向選擇的特色。在墜谷來臨前，勇於挖掘、踏上新的浪潮是必要的。」

　　用空杯的心態承接新事物，也促使在日常生活中不會想使用抖音等社群媒體的士凱，積極學習經營短影音的知識和訣竅，期望透過廣泛地曝光，將 4k 手作烘焙的蛋糕，帶至渴望嚐到幸福與喜悅滋味的顧客面前。客人心滿意足地品嚐著擁有迷人香氣的蛋糕，在平凡的日子裡，享受一份份剛出爐的美好，那正是烘焙少年士凱心中，賦予熱情與浪漫的初心願望。

圖：家人的支持與陪伴，是士凱創業路上的最大動力，也希望將這般喜悅傳遞給客人

品牌核心價值

4k 手作烘焙秉持將所有顧客視為家人般對待，因為，顧客不是客人，而是家人。

經營者語錄

不要害怕失敗，想是問題，做是答案，頭腦簡單清晰地向前衝。

給讀者的話

每一個改變都是一念之間，很多人都比我聰明，但卻缺少了跨出去的勇氣。每當想起第一次嘗試碰觸新領域的東西，快速的心跳聲都還記憶猶新，永遠記得這個當下給你的畏懼感，嘗試了、得到了都是你的，就算失敗不如意，也是一個美好的經驗！ Just do it !!!

4k 手作烘焙

店家地址：新北市三重區仁壽街 133 號　　　Facebook：4k 手作烘焙

聯絡電話：0926-091908　　　　　　　　　　Instagram：@4k_baking

其食可以
chi food

圖：創業讓其穎不僅實現自己的理念，也將更好的生活帶給他所愛的家人，是培養責任感、累積成就感的一個過程，充實的創業人生，讓他時刻都在吸收新的經驗與價值。圖為與甜點店「兩顆蛋」聯名活動所攝

美味與儀式感兼具，在家即可享用的外帶式西餐

　　每回重要節日來臨時，總讓人苦思要上哪用餐慶祝，才能在這個特別的日子裡自滿桌的浪漫及溫馨中，得到令人難以忘懷的體驗，好讓這一獨特的時光，成為未來腦海裡最美好的回憶。位在嘉義市的家常餐館「其食可以 chi food」，即以平易實在的價格，讓顧客享用到香飄四溢的高級西餐點，遇上各種難訂位的節日也無礙，將餐點外帶或訂購「小宅饗宴」，即可在家輕鬆吃到美味與儀式感。

源自兒時幸福夢想的餐飲之路

　　回憶起自己工讀和從事過的工作，其食可以 chi food 創辦人李其穎表示，「我做過很多餐飲相關的工作，高中時做過飲料店跟夜市烤肉，大學開始在系上廚房、外面的咖啡廳和婚宴廳工讀，大三時則在六福皇宮供應 VIP 樓層早午餐的廚房實習一年。」自高雄餐旅大學畢業、當完兵後，對餐飲業有著一份熱忱與憧憬的其穎，前後和朋友合夥開了一間簡餐店及一間餐酒館，獨自創業前亦曾在台北的餐飲公司擔任顧問。

　　那為何萌生了獨自創業的念頭？其穎回答得直接，他十分明白自己想要的是什麼：「如果想要有一間充滿著自己理念和風格的餐廳，合夥是行不通的，所以有了回嘉義創業的念頭，在我下定決心後就自己信用貸款，在 2019 年底創立『其食可以 chi food』西餐料理品牌。」

　　站在創業的起點，要讓一切順利前行，著實不易。其穎對此娓娓而談：「起初因資金有限，每一筆錢都必須花在刀口上，又希望客人能以親民價錢吃到中高價位的餐點品質，所以捨棄了一些需要高成本的華麗裝潢，店裡的一切盡可能自己著手佈置、採購、備料還有開關店。」那時候，

其穎每天過著睡不到五小時的生活，正式營業半年後請來人手，才逐漸減輕獨自扛起的負擔。

　　隨著其食可以 chi food 的知名度日漸廣泛，餐點風格亦深受客人的喜愛，其穎把原來的十個座位，增加到現在的三十個，餐桌上佈置著的精美風格及元素，更展現出他獨到而細膩的巧思，而這一切其實來自於其穎兒時的想法。「小時候與家人到高級西餐廳用餐，感受到每桌顧客都充滿幸福感，就幻想著以後有天能夠擁有一間讓大家暫時遠離煩惱，能好好享受當下的餐廳。」如今，其穎成功做到兒時的幸福夢想。

圖：雖捨棄華麗的裝潢，但在其穎精巧地餐桌佈置下，顧客依然能感受到滿滿的美味和幸福

平價享受令人食指大動的高級餐點

　　其食可以 chi food 大大顛覆了人們原本對西餐廳的想像，在這裡，客人不需要負擔高額的花費，就能吃到美味誘人的高級西餐；這是其穎所秉持的理念，顧客不需要等待特定的節日或紀念日，就能在每一個平凡的小日子裡，擁有這般優質的享受。其穎熟稔地介紹起自家的主打料理：「我們的開胃小點像是巴薩米克蘑菇溫泉蛋、蜂蜜檸檬雞翅、水牛城雞翅都很受客人歡迎；松露燉飯和紅酒牛肉燉飯也是店內招牌；義大利麵有兩種，南洋脆雞和波隆那肉醬。」

　　色香味樣樣俱全，有美味、有氛圍，其食可以 chi food 成功擄獲一大票忠實顧客的味蕾，之所以能夠讓客人以平價吃到高級西餐，其穎表示，「我們減少專業外場服務人員、非必要之公共設備，採用攤販式開放廚房來最大程度壓低營運成本，所以不論在餐點品質、餐桌佈置，或是整體價位都能夠比同等價位的餐廳出色許多。」

圖:其食可以 chi food 讓顧客以實惠的價格享用到高品質的餐點,由左上至右下分別為:
巴薩米克蘑菇溫泉蛋、水牛城雞翅、松露燉飯、番茄莫札瑞拉乳酪沙拉

圖：除了把餐點外帶，其食可以 chi food 也開發「小宅饗宴」西餐調理包組合，人人都可以輕鬆在家享用一頓有氣氛而美味的西餐

小宅饗宴：在家當大廚，親手打造滿桌療癒

　　2020 年初，全球疫情開始蔓延，真正影響到台灣社會之時，是其穎創立其食可以 chi food 剛滿一年的時候。「所幸在政府下令餐廳禁止內用前，我們已經開始著手籌備冷凍調理包產品，也跟嘉義在地甜點店『兩顆蛋』推出聯名調理箱，大家不用出門也能自己在家裡當大廚，透過親手烹飪具備儀式感的西式餐點，療癒無法外出的鬱悶心情。」其穎所提的冷凍調理包組合箱，有個十分可愛的名字——「小宅饗宴」，其意味著把精心佈置過的整桌美味佳餚，從西餐廳帶回溫馨的家中。

　　小宅饗宴兩到三人份的「兩位用餐」，從主食松露燉飯、紅酒牛肉燉飯，配餐蜂蜜檸檬雞翅、水牛城雞翅、波隆那肉醬，到與「兩顆蛋」攜手合作的甜點鹽之花焦糖生乳卷，無需在大節日與陌生人在餐廳內紛紛擁擠，而是在自己熟悉又溫暖的家，邊看著影集、邊享用著滿滿儀式感的風味晚餐。

一步步來，走得更穩

　　現今有許多人想在餐飲行業闖出一片天，擁有合夥及獨自創業等豐富經歷的其穎，以一位創業過來人的角度分享他的經驗談：「通常 20 至 30 坪左右的小餐廳建置成本也得花費 100 至 200 萬不等，若資金有限，可以先考慮從攤車式的規模開始，這也是一個測試市場需求比較踏實的做法，如果市場接受你想要給大家帶來的產品，再漸漸擴大規模，這樣更能降低創業所帶來的風險。創業路上絕對會遇到許多異想不到的小問題，基本上每天除了營運以外，剩餘時間都用來解決問題，以及如何優化現有的品牌狀態。」

　　其穎所付出的努力，與其食可以 chi food 的好評如潮大家有目共睹，其穎表示這兩年受到疫情及國際情勢的影響，不論是食材亦或開店成本都大幅提升，目前將先著手投入成本較低的攤車式、小店面無座位快餐風格的加盟體系，待市場波動較小時，再往餐桌佈置租賃的方向籌備。其穎帶有信心地說：「希望未來能讓大家不用出門，就能夠在家裡充分享受到高級西餐廳的餐點與氛圍。」

圖：色香味樣樣俱全，有美味、有氛圍，其食可以 chi food 成功擄獲一大票忠實顧客的味蕾。由上至下分別為炸魚薯條、鴨胸油醋沙拉

品牌核心價值
無需等待特定的節日或紀念日，其食可以 chi food 專注讓每一位顧客，都能從平凡日常裡吃出生活的儀式感與享受。

經營者語錄
創業，你不需要「已經」很厲害，但要有一顆想要「變得很厲害」的心，和強大的信念相信自己。

給讀者的話
每天堅持比大家早起，盡可能減少不必要的手機使用時間，多多閱讀及學習，讓自己的創意和能力能夠不間斷的進步，因為品牌停滯等同於在退步。

其食可以 chi food
店家地址：嘉義市東區興業東路 199 號　　Facebook：其食可以 chi food
聯絡電話：0921-452625　　　　　　　　Instagram：@ chi.food2019

B&W
積木創意
工作室

圖：B&W 積木創意工作室目前共有四個夥伴，他們一起透過樂高，將人們重要的回憶時刻，化為精緻作品，保留最美好的瞬間

不只是玩具，用樂高客製難忘的幸福回憶

回想起童年時光，那些被收藏在玩具櫃裡的、散落在地板上的，有幾個一定是每個人都非常熟悉的樂高積木。數十年來，它陪伴著許多孩童成長，甚至代代傳承，等待著大人小孩一同去體驗與探索。B&W 積木創意工作室共同創辦人 Will，也曾是那玩著樂高的孩子，長大成人後的他，偶然間發現了樂高積木的另一個祕密，現在他正運用著這個祕密，為許多「大孩子」創造出難忘的驚喜與感動。

一朵永生康乃馨，顛覆童年玩具印象

「創業不會是很輕鬆的路，但若能找到自己喜歡的東西，就能比別人更容易堅持到最後。」分享這句創業心法的，是 B&W 積木創意工作室的共同創辦人 Will，而他口中「自己喜歡的東西」，對他來說就是玩了將近二十年的樂高積木，若要述說 Will 和樂高的緣分，一切要從他小學四年級那年說起。

當時仍是個孩子的他，和許多小孩一樣在玩具的世界裡探索著，在安親班接觸到的樂高積木便是其中之一。當時的樂高都是一些較為簡單的零件；輾轉之下，在即將升大學那年的暑期活動裡，身為青春少年的 Will 再次遇見了樂高積木，而這次，它已非童年印象裡簡單的樂高零件，而是沒有任何極限的創意元素，「當下我覺得很神奇，原來樂高是無極限的，沒有所謂的標準答案，只要你有辦法想像，它都能被創造出來。」不受任何答案的束縛，能夠自由自在地去摸索及創造，這樣的特質深深吸引著 Will，促使他踏上了樂高設計、創作和比賽的旅程，更在 2012 年全國樂高創意競賽中贏得冠軍殊榮。

專注在「玩」樂高的 Will，最後卻是在一次幫朋友用樂高製作母親節禮物的契機中，思考創業的可能性。「大學畢業後，有朋友來找我，問我能不能用樂高做一個禮物，讓他在母親節時送給媽媽。」彼時，Will 做給朋友母親的是一朵裡面藏有紀念相片的鮮紅樂高康乃馨，由於樂高的小巧思新奇有趣，讓朋友跟媽媽之間有了更多互動，「後來，他們因為這朵康乃馨過了一個特別的母親節，我收到回饋後覺得非常感動，原來樂高可以不只是玩具。」Will 就此走上這條創業之路，也找來了從事設計相關行業的朋友來進行禮物的包裝設計，也就是現在一起創業的夥伴 Beling。

B&W，乍聽之下，會以為是一家進口豪車的品牌，但其實它是由兩位創辦人英文名字的字首所組成，他們透過樂高，將人們重要的回憶時刻，化為精緻作品，保留最美好的瞬間。

樂高不只是玩具，B&W 像是在興趣和創業之間找到平衡般，開始透過朋友的介紹接案，為客戶客製能夠帶來驚喜、收藏回憶的客製化禮品，而B&W 積木創意工作室在 2019 年成立後，為其帶來曝光的，則是該年底為知名 Youtuber HowHow 訂製了向老婆求婚的樂高場景，B&W 利用樂高將當時 HowHow 的求婚場景還原出來，並將兩人相識與相戀的過程，設計成不同的小場景、隱藏在燈塔裡面，當拆解燈塔的同時，也再次回顧了彼此戀愛的過程。「當時 How 哥也將這作品拍攝成開箱影片，放在 Youtube 上，爾後很多客人都是因為看到How 哥的影片而認識我們，也找我們訂製了他們專屬的回憶故事樂高。」

運用樂高積木堆疊出客人心目中獨特回憶的Will，正式從一位樂高玩家成為賦予作品生命力的樂高藝術家，他感性地說：「能為別人創造驚喜跟感動，是很有意義的。」現在，B&W 共有四位夥伴，他們堅定地努力著，期盼讓更多人看見以樂高積木擦出來的奔放火花。

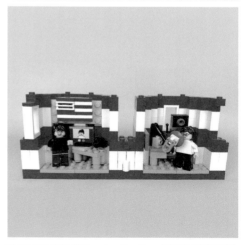

圖：B&W 為知名 Youtuber HowHow 打造的求婚樂高場景，忠實還原了兩人的愛情故事與人物特色

圖：Will 運用樂高積木創作一朵康乃馨，為朋友的媽媽打造最
特別的母親節禮物

圖：還原客人在日本迪士尼旅遊時的胡迪遊樂設施場景，在胡迪
身後有個別具巧思的小機關，讓計劃求婚的客人可放置戒指，為
另一半製造感動和驚喜

圖：客製化樂高作品，細膩地為顧客刻畫出其專屬的空間、興趣和回憶

客製化創意，打造具有巧思的永恆紀念

　　B&W 積木創意工作室的品牌核心，圍繞著「創造驚喜與感動」。起初從場景、空間等單一的客製化作品，到工作室原創的微客製小商品，把友誼、愛情和家庭的美好回憶都收藏其中，滿足了人們不同的送禮需求與對樂高積木的無限想像。

　　客製化設計也有標準的客製流程，第一步就是「聆聽故事」。「客製化很有趣，我們會先了解對客戶來說特別的故事。」有了故事和目標，才能加入細膩的小巧思，他們喜悅地分享著某次的客製化案子：「當時有位客人計劃要求婚，希望我們幫忙客製一個求婚禮物，用樂高還原出他們第一次出國去日本迪士尼遊玩，在胡迪遊樂設施前所拍下的合照場景。」透過聆聽故事，把客戶最動人的回憶用樂高創作出來，就是 B&W 所熱衷的事，「我們作品最大的特色，就是會在作品中設計小巧思，例如這個求婚禮物，除了能夠印製紀念照片、客製化人偶之外，還設計了一個能放求婚戒指的空間。」如此用心，不論是不是樂高迷，一定愛不釋手。

　　「除了場景客製化，有些客人也會找我們訂製夢想空間的作品，像這個客人想訂製一個家的意象送給另一半，希望藉由這個禮物告訴對方，『我願意與你共組一個家庭』，他向我們描述了想要呈現的樣貌，我們便使用樂高為他設計出來。」這幢兩層樓的別墅樂高，內部的小空間展示了兩人喜愛畫畫與收藏公仔的興趣，因為喜歡一起看電影與喝咖啡，也設計了大大的客廳與露天小陽台，如同他們未來會擁有的、像家一樣的房子，而作品中的主角人偶也能製作成獨一無二的模樣。「客製化人偶會請客人提供全身照，我們參考照片設計完成後，再使用特殊技術印刷到人偶身上。」幾近百分之百的神還原，顧客一眼就能看出那是屬於自己美好回憶的樂高禮物，全世界僅此獨一。

　　此外，B&W 積木創意工作室也提供企業客戶端的服務，將公司形象變成精美樂高作品，而最令人驚豔的，莫過於工作室夥伴們為企業品牌打造的大型樂高創作設計，他們回想說道：「之前有飯店業主，請我們將飯店園區設計成樂高地景，那是 260 公分乘以 140 公分的一個大型作品，耗時約四至五個月才完成它。」B&W 所述說的每一件作品，都是共同的成長軌跡。

圖：透過每一次與大眾互動的機會，讓市場更親近、了解樂高，同時也為品牌帶來更多的曝光機會，進而為工作室建立完整的營運系統和訂製流程

樂高積木玩樂學習，一同進入繽紛異世界

儘管樂高深受大人小孩的喜愛，但 B&W 也坦言在創業的過程中，確實遇到了與其他創業者不太一樣的困難，「市場對於樂高的認知度不高，不論是價格上還是概念上的認知，需要花比較多時間和心力去教育市場，耐心地和客戶做溝通。」對此，B&W 非常積極的建立各種可曝光的管道及公司系統，舉凡公眾演說到樂高教學，甚至是各種網路平台或跨界合作等，都是在透過不斷嘗試與經驗累積後，才有今天小小的成就。

圖：為知名電動車品牌打造專屬客製化樂高作品，並帶領大朋友與小朋友一同享受組裝的樂趣

在創業的過程中難免會遇到失敗與挫折，可能會擔心沒有案源，或擔心原創商品賣不出去等，但支持 B&W 一直走到現在的，是當客人收到禮物時，發自內心「哇！」的真實感受，Beling 述說著他們希望帶給客人的感動，「我們每一個作品都是非常用心的製作，盡可能地將客人想要的樣貌還原出來，就是希望當他們看見這些作品時，可以馬上聯想到當時的回憶故事！」就像是在大家心中定下心錨一般，期盼當大家在思考過年過節要送什麼禮物的同時，可以馬上想到來找 B&W 訂製樂高禮物。

圖：從 3 坪、12 坪至今日 30 餘坪的空間，目前 B&W 積木創意工作室設有入口展示區、會客區、工作區以及零件櫃

上圖：歷時四、五個月製作的 260 公分乘以 140 公分大型作品，將飯店園區場景與企業理念永遠地珍藏下來
中圖及下圖：支持 B&W 積木創意工作室夥伴們堅持下去的，是對樂高積木的熱忱與創業路上的勇氣

入門新穎職業，一切沒有標準答案

在台灣，有數以千計的人玩樂高，但真正將樂高當作一門職業的不超過十位，B&W 積木創意工作室的夥伴們則是其中之一，Will 表示：「目前市場上，樂高設計是一個非常新穎的職業，因為大眾的認知可能多半仍停留在樂高只是玩具，而我們期望能夠透過自身的經驗與能力，來告訴大家樂高沒有極限，也希望能夠培育更多的樂高設計人才。」

談及樂高設計入門的方法，這個答案也非常的「樂高」，因為這個問題的背後並無所謂的「標準答案」，如同樂高本身一樣，沒有極限；Will 懇切地建議想入門樂高設計的讀者們，盡可能地多接觸零件的種類，對零件的熟悉度一定要有，「多組裝、多嘗試，慢慢的就會知道要做出一棵樹或一面牆，使用哪些零件會是最好看的。」或許，樂高本身就是一個神奇的魔法，人們玩的不是積木，而是一種靈感，所謂的樂高設計師就是懂得運用靈感，去設計和創作出另一個神奇世界的創意魔法師。

除了培育更多樂高設計人才，B&W 積木創意工作室未來將陸續增加更多元的原創商品，服務更多有送禮需求的人，為顧客創造幸福和驚喜，也期望可以與更多品牌企業跨界合作，結合樂高元素以提升其品牌曝光度，進而創造雙贏的夥伴關係。

品牌核心價值
B&W 積木創意工作室透過樂高，將人生中重要時刻化為精緻作品、保留最美好的瞬間，為人們創造幸福、驚喜與感動。

經營者語錄
做任何事不要辜負此刻的自己，讓生活不是剛好而已，而是值得回憶。

給讀者的話
贏得人生這場遊戲的關鍵就是做你真正熱愛的事，希望讀者們也能透過自己的興趣、專長，影響更多人，創造自己的價值。

B&W 積木創意工作室
工作室地址：台北市萬華區貴陽街二段 51 號 10 樓
聯絡電話：0905-133030
官方網站：https://www.bnwbrick.com
Facebook：B&W 積木創意工作室 Brick Design Studio
Instagram：@bnw_brickdesign

樂奇英語小屋

圖：樂奇英語小屋採用探索、玩樂與學習並進的中英雙語教學

不只是教室，更是孩子們的英語遊樂園

　　不分時代，父母對子女們最大的期待莫過於望子成龍、望女成鳳，尤其在十分重視語言能力的今日，如何讓孩子輕鬆掌握英語，是許多父母所苦惱且費盡心思尋求的一大課題。來自彰化員林的樂奇英語小屋，採用探索、玩樂與學習並進的中英雙語教學，不僅令在地家長從英語教育的煩憂和壓力中解脫，更讓學生們在創新而多元的主題課程裡，深刻體驗到學習語言及生活知識的種種樂趣。

傳承自母親的教育理念

　　「從小我媽媽給予我的教育方式深遠地影響著我……」擁有十年以上兒童英語教學經驗，同時也是樂奇英語小屋的創辦人 Judy 老師，侃侃而談地分享著「樂奇」這個名字的由來。「以前媽媽經常帶我出去玩，假日也會讓我去學習各種不同的才藝，媽媽認為讓我從各種活動及課程去探索這個世界是非常重要的，唯有嘗試才會知道我真正喜歡什麼，她才能從中去引導和給予支持，也因此，我整個童年都在玩樂跟學習中度過，問我會覺得辛苦嗎？其實不但不覺得累，還感到很開心。」

　　受到母親的教育理念及自身童年經驗的啟發，Judy 老師認為孩子的童年時光就是要充滿玩樂，再從中去探索、嘗試和學習，於是在決定要創業、開設補習班時，便以「快樂小孩」的英文「Happy Kids」作為命名概念，將其翻譯成中文「樂奇」二字，亦有「快樂神奇」的期許在當中，這也成為日後樂奇英語小屋一貫的教學理念與風格。

從熱衷於學習英語到成為兒童英語教學的品牌創辦人，Judy 老師回憶說道：「從小我對學習英語就很有興趣，也總能從中獲得滿滿的成就感。大學英文系畢業後，開始在多家知名的英語補習班跑課，自己也有接家教。」經過多年的教學經驗累積，Judy 老師擁有充足的教學經驗和學生人數，並期望能將自己的英語教學工作，發展成既專業又可融入自身教學理念的事業。創業剛起步的時候，是從家裡的客廳開始，那時只有兩張桌子、四張椅子，學生也不多，然而，靠著家長互相介紹，幾年後，客廳教室已經轉變成一間合法立案且溫馨可愛的專業兒童補習班。

不過，Judy 老師的英語教室並非大眾印象當中貼滿榜單、給學生大量評量試卷的「補習班」，而是一路走來，堅持初衷的歡樂風格，至今擁有多位專業老師，家長間口耳相傳、學生們歡樂學習的「樂奇英語小屋」。

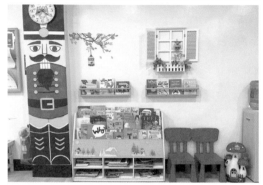

圖：樂奇英語小屋環境整潔而溫馨，宛如學生們的第二個家

扭轉刻板印象，讓劣勢成為優點

談到創業初期，Judy 老師所面臨的難題和其他創業者頗為不同，相較於多數人遇到的資金或經營層面等課題，找上 Judy 老師的卻是「年紀」問題。「年紀輕在創業初期算是蠻多人會質疑的一點，因為我在二十幾歲時就出來創業，家長來問課的時候見到我都覺得我年紀小，經常會問，老師妳幾年次、幾歲，教英語有多久時間了？」

年紀輕輕即創業的大有人在，但是身處補教業，普遍家長仍認為老師的年紀往往與教學能力成正比，年紀輕對家長來說，意味著教學經驗不如資深老師來得豐富，或許會影響學生的學習成效。不過，這層刻板印象並未帶給 Judy 老師任何打擊，隨著時間的推移，家長開始從樂奇英語小屋創新又多元的課程裡，看見年輕老師們活潑、熱情與用心的特質，Judy 老師笑談：「到後來，家長們不再質疑老師的年紀和教學經驗、能力等問題，由於我們許多課程跟活動都需要花費大量的時間去佈置教室、製作道具，家長都會以信任的態度跟我們說『就是因為老師年輕，才有如此的精神和體力，把這麼細心又有趣的課程呈現出來。』」

教師團隊平均年齡僅 25 至 35 歲的樂奇英語小屋，在 Judy 老師的帶領之下，成功地將原先的劣勢大大扭轉為眾人都給予稱讚的優點，而其功不可沒的教師團隊，則有個十分新奇逗趣的名稱「六萬人團隊」。

圖：每一堂富有創意和趣味的課程，背後是樂奇英語小屋教師團隊滿滿的熱情與用心；
圖為樂奇英語小屋萬聖節活動之場景佈置

「六萬人團隊」，共創教室遊樂園的多元與驚豔

　　擁有「六萬人團隊」的稱號，並不是樂奇的團隊真的如此龐大，而是實際上每一位老師都具備相當強大的堅韌與毅力，願意一同攜手投入，完成教室裡一個個令學生和家長們都讚嘆的節慶與情境佈置，發想出一般補習班所找不到、富有新意的趣味課程。「每準備一個節慶主題和課程規劃，通常會耗費整個教師團隊一個月的時間，我們會運用整棟建築，做出非常全面而精緻的佈置，因此準備期間，時常需要老師們花費大量時間備課，最誇張的一次是凌晨一點回家，早上八點再繼續開工。家長看見了我們呈現出來的佈置跟教學成果，都會嘖嘖稱奇地問我們究竟有幾位老師，到底有沒有睡覺？當時我就開玩笑說我們是『六萬人團隊』，OK 的啦！」Judy 老師表示，當初無心的一句話，居然讓家長們印象如此深刻，也從此成為樂奇老師們教學賣力、認真及負責的代名詞。

　　樂奇英語目前主要以 3 至 15 歲，幼兒到國中生為主要教學對象。在這個彷彿遊樂園的英語教室裡，充滿了「六萬人團隊」為學生們所打造的各種驚奇與想像，課堂上，學生們暢遊在英語故事繪本、創意手作和樂趣遊戲之中。一年十二個月，樂奇英語小屋的環境總是依循著即將來臨的節慶，例如：農曆新年、復活節、感恩節、萬聖節及聖誕節做主題變化；而平日裡亦有來自平凡的精彩，樂奇教室化身成各行各業的場景，帶出咖啡館、美髮院、消防隊、烘焙坊、生鮮超市和草莓園等生活中的日常知識；此外，樂奇小屋也會帶著孩子走出教室，體驗與眾不同的戶外生態活動，例如：捉溪蝦、控窯、葡萄園下午茶，森林樹屋探險以及不定期的親子小旅行。

　　種種課程規劃和戶外活動，其實都呼應了 Judy 老師自母親身上所習得的教育理念，藉由引領孩子探索、玩樂與學習，認識這個美麗世界的不同面向，使孩子有更多的機會去認識自己，並且在自己喜歡的事物中盡情享受。Judy 老師說：「樂奇英語小屋不走傳統補習班路線，我們的教室不會貼滿榜單，也不會給學生一堆考卷和評量，相反地，來到樂奇的孩子都是很期待上課的。課堂中充滿多元化遊戲與活動，師生互動良好，而節慶更是吸引孩子們的目光，母親節我們牆上貼的是小丸子和大雄的媽媽，今年萬聖節我們佈置成神隱少女的場景，老師扮成湯婆婆、白龍、胖寶寶和千尋，學生們既不會感到有壓力也不會想逃避，對家長來說這樣輕鬆自在的學習環境，也非常符合他們的理想跟期待。」

圖：多元化的課程主題及充滿探索價值的戶外活動，讓樂奇英語小屋的學生邊玩樂邊學習，度過一個使人欣羨、美好又充實的童年

圖：樂奇英語小屋不走傳統補習班路線，教室不會貼滿榜單，也不會給學生寫不完的
考卷和評量，相反地，來到樂奇的孩子都是很期待上課的

擁有明確目標，更要勇往直前

在 Judy 老師有遠見的經營與專業的帶領下，樂奇小屋得到學生和家長的一致好評，其中是否有秘訣，Judy 老師表示，創業初始即必須完整地規劃出明確的品牌定位，避免東拼西湊、盲目跟從他人，因為只有找出自己的風格，才能一致性地延伸出後續各個項目。「若希望打造專業嚴謹的風格，那在課程與環境上就要貼緊該主軸，像我們走的是歡樂多元化教學，能引發孩子創造力與興趣的英語課，那麼我所要創造的，就是一個能讓學生開心學習的環境與氛圍。」Judy 老師緊接著說：「有了明確的定位跟目標，更要勇往直前，遇到問題時必須花時間和心力，找出最好的解決辦法，不能輕易放棄。因為要看見一個品牌的成果，往往需要加倍努力與耐心等待，它不會在一瞬間就馬上開花結果。」

相信在 Judy 老師及其教師團隊積極正向的言行身教之下，學生們除了開心學習語言和探索世界外，更能深刻體會到那份蘊藏在每個人身上最為珍貴的優秀品格。

圖：活潑、熱情與認真盡責，樂奇英語小屋擁有家長和學生心目中的夢幻教師團隊

品牌核心價值

守護孩子的想像力，讓他們能夠快樂地天馬行空，探索這個世界的無限可能。

經營者語錄

Free your imagination, and your journey begins.
給孩子，也給我自己，要跳脫框架，創意思考，永遠對這個世界保持熱情與好奇。

樂奇英語小屋

公司地址：彰化縣員林市明德街 50 號

聯絡電話：04-8334008

Facebook：樂奇英語小屋 Kid's Story Hut

Instagram：@lechi_happykids

Line：faifai601

圖：FSQ 捲捲鹿角蕨，種植兩年才會捲

園藝好夥伴「水苔棒」，陪伴心愛植物向上生長

近年來，疫情席捲全球各地，深入你我生活的每一個角落，而居家隔離和辦公更是瘟疫浪潮來襲的日子裡，大眾早已習以為常的生活及工作模式。不過，人類並非熱衷於孤獨的生物，在與同類的距離拉遠之後，仍然希望環境中擁有一個能與自己展開心靈對話的療癒媒介，除了飼養寵物以外，培育植物也在疫情期間開始風行起來，其中又以適合做為居家擺飾、看著頗為賞心悅目的觀葉植物最為熱門。來自嘉義的上興材料工業有限公司，在疫情期間看見了人們對綠意的嚮往及療癒需求，以自家原有的鐵氟龍網結合水苔，打造出一款可供植物攀爬，方便、美觀又耐用的「水苔棒」，推出至今已在綠植界圈粉無數。

自疫情時代中萌芽的全新發明

點入上興材料的官網，會發現這家以鐵氟龍產品為主的企業，在社群媒體如 Instagram 和 Facebook 上所張貼的內容，相比官網來看更是貼近你我的生活，富有朝氣的植物市集、質感的園藝店以及療癒人心的觀葉植物，還未認真探究其主打產品，便有一種綠意瀰漫而來的舒心感受。其實，上興材料所研發和製造的是藏匿在植物身後的重要夥伴「水苔棒」。

「水苔棒其實是『疫情下的產物』。」老闆 Lewis 解釋，之所以會這麼說，是因為上興材料主要為 Lewis 家族企業之子公司，提供客戶鐵氟龍產品和相關技術支援，在該行業內經營有成，而水苔棒則是疫情期間因緣際會之下，Lewis 運用公司原有的材料所開發出來的一項新產品。

2021 年初，新冠疫情開始在台灣各地蔓延，為避免與無情的病毒正面交鋒，大眾盡可能減少外出，Lewis 也不例外，多數時間都待在公司和家中的他，也在此期間種起外型美而獨特的附生植物鹿角蕨。Lewis 回想說道：「有一天朋友來公司看我種的鹿角蕨，無意間看到我們公司的鐵氟龍網，想到用網子來做植物攀爬的柱子似乎可行。」有了朋友的靈機一動，Lewis 開始發想將鐵氟龍網用在園藝領域上，成為首家讓鐵氟龍華麗轉身，走向園藝界的業者。

　　「好奇心使然，我開始嘗試去製作朋友說的植物攀爬棒，也是在這個階段我開始種植會攀爬的觀葉植物，一邊觀察這種植物的特性，一邊去修改我的產品，做好後再提供給園藝店試用。」藉著園藝店所給予的反饋，Lewis 持續精進產品的功能和實用性，耗時兩個多月，成功打造出現在眾多植物愛好者都在追隨的水苔棒。

圖：水苔棒全台經銷商，左上及左下圖為台中經銷「酉 5pm.twcaudex-Part2」、「芳奈烘焙坊」，右上圖為台南經銷「植糜」，右下圖為高雄經銷「苷一」

圖：圖左為一棵攀爬水苔棒的日本斑葉龜背芋，圖右為斑葉香檳合果芋，老闆個人收藏基因良好

二十年發明專利權，市占率高達七成

說起水苔棒，許多人可能第一次聽到，老闆 Lewis 表示市面上有與它相似的產品「椰纖棒」，可惜椰纖棒無法透氣，不利於植物的氣根生長，而椰纖棒無法達成的目標，水苔棒全部都能做到。「我們運用高性能的網子，結合水苔作為填充物，這樣的攀爬棒除了表面利於植物攀爬之外，它比椰纖棒更保水，而且還能穩固地串接加高，最迷你 16 公分，最高有 1.5 公尺，不論是在家、辦公室還是農場，都能輕鬆滿足種植的需求。」外型美觀兼具實用性，讓水苔棒在推出不到一年的時間，就成為綠植市場中炙手可熱的明日之星。

「做水苔棒，其實是一種服務業。」Lewis 語帶感性地說，「Youtube 或 Instagram 上面都有植物攀爬棒的教學影片，如果要自己動手做必須買很多材料，並花費將近三個小時才有辦法把它做出來，但是做出來的成品只是『像』水苔棒，外觀和功能都十分粗糙，而我們製造的水苔棒，已將產品規格化，客人直接按照自己的需求購買，便利跟品質兼具，外型也比自己動手做的更加出色，可達到植物的室內造景和賞景目標。」

上興材料水苔棒目前的市占率高達七成，此成績來自於上興材料對產品的要求，經過努力不懈的研發及改良、優化水苔棒功能與結構，並申請通過發明專利，成為上興水苔棒最大的市場優勢。

上排圖：巨大水苔棒生產不易，所有規格水苔棒全為純手工製作，圖右為植物氣根攀爬水苔棒
下圖：將水苔棒、底座和固定環結合後放進盆底覆土，再使用鬼氈將植物與水苔棒束在一起做固定。水苔棒頂端的孔可
以做串接加高，也可以做澆水使用，具發明專利結構

圖：左上圖為 2022 年 11 月 11 日艸植感市集，Peter(李文智) 老師專程從台北到台南探班及尋寶；左下圖為同年台北水美園市集，老闆與 serina 油畫老師 (左二)、植物界網紅宅栽陳兆倫 (右二) 及春及殿 Primavera-Alvin(右一) 之合照；右上圖為演員蔡亘晏（電影「咒」女主角）主動贊助精美手環作為獎品，也成為邀請的嘉賓之一；右下圖為同年第一植物界市集，藝人好友張琪惠及其家人的植物品牌木丘植人、顧植

積極分享與互動，水苔棒輕巧走上世界舞台

能在綠植市場上縱橫天下，上興材料水苔棒的成功也是一點一滴累積起來的。「一開始在蝦皮上架，一星期後才有第一位顧客購買，接著陸續有人下單但非常少。」許多創業者所面臨的廣告行銷問題，同樣也發生在老闆 Lewis 的品牌上，其中最主要的原因是，水苔棒是個全新的產品，大多數的客人都不認識它，「以前有類似產品『椰纖棒』，單價非常便宜只要 50 元，而我們的『水苔棒』雖然功能跟特性都更加優秀，但是大部分接觸園藝的人都還不認識這個新產品，如何讓客人認識水苔棒並且願意花椰纖棒的五倍價購買，這是最受考驗的地方。」

圖：水苔棒手工生產元老三人，小薇 (左)、小愛 (右) 姐妹倆是老闆從小到大的朋友，從創立園藝部門時期幫忙至今

為了更廣泛而有效率地將水苔棒推廣出去，Lewis 的第一步是經營 Instagram 社群帳號，以一則則綠意濃濃的貼文，把水苔棒的優點分享給興趣同好知道。Lewis 說明：「經營 Instagram 初期，我寄送產品給喜愛植物的人氣社群帳號，免費提供給他們試用，藉由他們的紀錄和真實的體驗心得，大家開始認識、熟悉水苔棒這個新產品。」他強調，不只是圖文分享，將產品「真實」地分享出去也是必要的。經過一系列的水苔棒分享，上興材料社群帳號人氣扶搖直上，Lewis 開始透過簡單又風趣的社群活動，將水苔棒免費贈送給粉絲，為的是讓更多粉絲有機會接觸和了解水苔棒，進而成為一名忠實的客戶。「水苔棒是用過就回不去的產品。」Lewis 打趣地說。

然而，真正為水苔棒開啟一條康莊大道的，是全台各地一場又一場的植物市集。「2021 年底，我開始參加田尾當地的植物市集，在進入市集擺攤後，我們品牌的知名度迅速打開，除了參加南部的活動之外，我們也會到北部參加展覽跟市集，拓展北台灣的陌生客源。在台北的『台灣第一植物界市集』，偶然認識了身為歌手老師的李文智 Peter，我跟 Peter 認識真的是緣分，當天有一位植友 Jack 要來展場與我碰面，然而我誤把 Peter 認成 Jack，因為這個美麗的錯誤我們成為了朋友，也很感謝 Peter 每場市集都會帶著同樣喜歡綠植的藝人朋友如阿 ken、瑞瑪席丹來我們攤位認識新創產品。」

Lewis 所說的參與市集，並不只是在市集中擺攤，更重要的是積極與其它攤商以及顧客進行面對面的交流，「在市集裡，擺攤的人有的生性害羞，會等著其他人來交談，但在這樣的場合中，機會是要自己主動去把握的；我的個性不怕生，對我來說，參加市集有如交朋友般，藉由跟同好長談，讓顧客認識我的產品。」如今，上興材料所製造的水苔棒在全台灣共有十八個經銷據點，其中包括風格質感兼具的植物店、咖啡店和麵包店；此外，上興材料水苔棒亦與知名園藝店、電影演員以及插畫家彎彎合作，將優質的產品與服務帶入大眾的生活視野中，未來更計畫合作其它品牌，共同將水苔棒出口至美國和中歐等八個國家，成為另一個蓄勢待發的「台灣之光」。

圖：左上圖為綠果庭院邀請一同擺攤；左下圖為主辦 2022 山嵐下的綠蔭，左一為花王溫室主理人，
左二為廖培安，右一為同主辦 -TWOF 植物選貨 (法王)；右上圖為 2022 年植鹿森向山市集在日月
潭舉辦的市集；右下圖為 2022 年競葉在埔里市集

圖：上圖，2022 年 2 月 28 日艸植感市集，三天賣出 500 支，單月銷售破 1500 支；下圖，2022 年 11 月 11 日艸植感市集，三天賣出 1000 支，單月銷售破 3000 支

經營的不二法則：誠信和謙卑

上興材料水苔棒不論是在 Instagram 社群或是蝦皮購物上都擁有相當高的人氣，在極短的時間內將粉絲轉化為客戶群，並即將在國外市場展露光芒，經營之道便更顯重要；對於老闆 Lewis 來說，經營一門生意並沒有想像中的高深複雜。

「我認為經營最重要的就是講誠信、不偷工減料，除此之外，經營者在面臨大小狀況的時候，要能勇於認錯，舉例來說：我們主要的銷售平台是蝦皮購物，在出貨後產品的規格可能不符合客人的期待，只要客人指出錯誤、提出可以改進的地方，我們會按照客人的需求，直接提供一份新品給他。」誠懇而不拖泥帶水的經營態度，藏在其細節中的，是一份人與人之間為彼此著想的同理與體貼。創業路上或許磕磕絆絆，但有些人選擇由自己打造眼前的美好風景，Lewis 就是其中之一。

「疫情下的產物」不僅在人人都需要心靈支持和療癒的時光裡，陪伴心愛的植物向上生長，也間接傳遞了老闆 Lewis 投注於水苔棒的心力與溫情。

品牌核心價值

運用高性能的網子結合水苔，製作出保水並利於植物攀爬的水苔棒，上興材料以卓越的品質與優秀的服務，提供喜愛植物的顧客一個方便、美觀又耐用的全新種植體驗。

經營者語錄

只有不斷的曝光產品才有一絲成功的希望。

給讀者的話

在業界經營品牌知名度很重要，更重要的是如何讓店家接受你的產品、品牌以及你這個人。

上興材料工業有限公司

公司地址：嘉義縣民雄鄉大學路二段 2199 號
聯絡電話：05-2268992
官方網站：https://www.sangshin.com.tw

Facebook：上興材料工業有限公司
Instagram：@lewis20210526

圖：獸醫師林艾德、獸醫師許哲榮於 2022 年共同創立嘉貝動物醫院

嘉貝動物醫院

不只治療毛孩，更提供療癒暖心的合適醫療

　　惡性腫瘤不僅蟬聯國人十大死因首位，在動物的世界中，也有不少犬貓飽受癌症之苦，為動物治療癌症宛如一場馬拉松，從診斷、治療、追蹤到照顧，每個環節都至關重要。由獸醫師林艾德、獸醫師許哲榮共同創立的新莊「嘉貝動物醫院」，專精犬貓癌症診斷、治療和麻醉，他們不僅為動物提供優質且合適的醫療，也幫助飼主走過寵物罹癌時，內心備感煎熬的時光。

優質醫療，始於「無痛」

　　專攻犬貓腫瘤科，曾獲得 2021 良醫健康網「百大寵物醫生」殊榮的林艾德坦言：「儘管寵物癌症能透過手術、化療或標靶藥物治療，但有時成效並不彰，因此除了關注於治療，我更希望幫助寵物在治療過程中，能夠『無痛』（Pain-free），並保有良好的生活品質。」

　　「無痛」這個理念，可謂是嘉貝動物醫院成立的起點，麻醉科獸醫師許哲榮指出，寵物和人一樣，如果在手術過程中有良好的麻醉品質，恢復時會比較穩定，一個完善的麻醉計畫，能確保毛小孩從手術到甦醒後，都處於舒服且無痛的狀態。

　　獲知毛小孩罹癌，飼主的心情往往大受打擊，在診間崩潰大哭也時有所見，儘管在執業生涯中，林艾德已看過不少類似的場景，但面對不同的案例，她仍對飼主的難過與無助感同身受。初診時，她會陪伴飼主消化難受的情緒，並鉅細靡遺地解析不同的治療方式與可能性。

圖：嘉貝動物醫院專精犬貓癌症診斷、治療和麻醉，他們不僅為動物提供優質且合適的醫療，也幫助飼主走過寵物罹癌時，
內心備感煎熬的時光。

林艾德說：「我想讓飼主知道，我不只是一個獸醫師，更是一個能成為他們與毛孩走過治療
的重要後盾。」

　　由於寵物沒有健保，動輒數萬元的醫療支出，對很多飼主都是沈重的負擔，林艾德從不會自
恃專業，她總願意聆聽飼主的疑慮與經費考量等，擬定適合寵物、飼主也有能力負擔的治療項目。
「很多時刻，我都很感動，有些飼主的生活並不富裕，但仍願意為了寵物付出，若飼主在經濟層
面較不寬裕，我會制定相對沒那麼昂貴，且能讓寵物更舒服的治療方案，我希望治療毛小孩不只
專屬於有錢人。」

　　隨著動物醫療技術發展逐漸完善，人類臨終關懷與安寧照護觀念也開始運用於毛孩子，當寵
物罹患不治之症且嚴重影響生活時，此時的醫療重點則會在於緩解動物的不適感，改善生活品
質，而非治癒疾病。儘管談起癌症安寧議題相當傷感，但林艾德認為陪伴飼主及毛孩子以正面且
正確的心態，面對疾病甚至死亡，也是相當重要的醫療環節。

以動物福祉為優先來擬定診療計畫

　　許多寵物在老年檢查時會發現牙周疾病，不少人認為麻醉年長的動物，伴隨的風險太高，因此寧可放棄麻醉與治療，但這個決定卻大大影響動物健康和生活品質。許哲榮認為，若是沒有做任何評估或檢查，就斷定無法麻醉、剝奪牠們的治療權利，因而讓動物備感痛苦，是極不人道的。動物是否能夠麻醉，仍需要專業獸醫師的判斷，「當我們正確掌控年長寵物的麻醉風險，其實還是能做牙齒或其他的治療。」儘管新北市有不少動物醫院，但在新莊牙科專門的動物醫院仍屬少數，開業短短一年內，嘉貝就因為精湛的牙科專業，累積不少犬貓患者，幫助他們解決困擾已久的牙齒問題，重拾過往的活力。許哲榮觀察到，儘管有些寵物都有固定洗牙，但牙根裸露、牙周病的問題，卻時常被忽略。

　　台灣目前動物醫療的趨勢，逐漸朝向專科醫院和專科分診發展，例如心臟專科醫院、牙齒專科醫院，或是一間醫院設有多種科別，由不同專業的獸醫師看診。收治動物時，嘉貝以「動物福祉」為優先考量，他們說：「有些飼主為了治療毛孩子，耗費不少精神與金錢，在數間醫院奔波仍一無所獲，因此我們收治動物時，除了憑藉臨床經驗，同時也會遵循教科書或文獻參考，絕不抱持一種『試看看』的心態治療動物。」

　　儘管創業生活相當忙碌，兩位獸醫師仍會利用下班時間持續進修，透過遠距課程學習，他們不約而同地認為，儘管進修成果不會即刻反映於收入，但透過學習，能增加醫療知識並掌握日新月異的技術，讓寵物獲得更完善的醫療品質。「當知識與實務都更加完備，反而覺得會自己越渺小，學無止盡，因此除了看診，我們也不停學習，督促自己繼續成長。」兩位獸醫師謙卑地表示。

　　治療寵物的過程中尋找不同的診療解方，獸醫師同時也有機會學習到更多的新事物，「與其說是我們治療動物，不如說動物也一再給予我們，成為一個更好獸醫的動力吧！」嘉貝目前僅開業近一年，就成了許多飼主與寵物不可或缺的好夥伴，兩位獸醫師也期許未來嘉貝能成為當地指標性的醫院，提供專業且不失溫度的優質醫療，幫助每個毛孩子都能充滿活力地面對生命帶來的各項挑戰。

圖：對待每隻寵物都如同自己的心肝寶貝，憑藉專業和溫暖的態度，讓寵物看診過程更加舒適

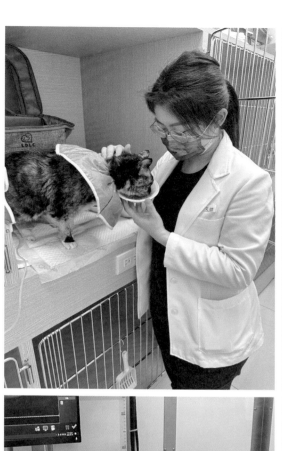
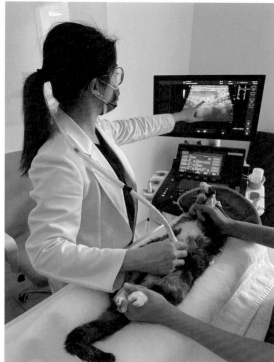
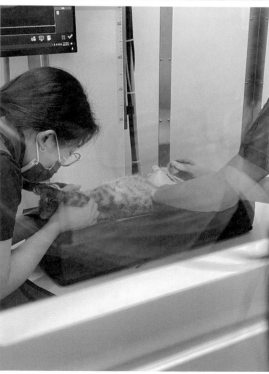
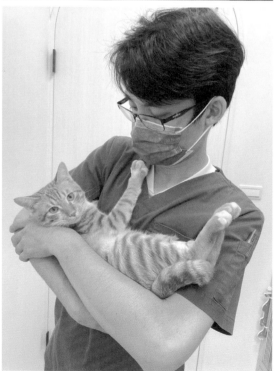

圖：獸醫師林艾德

圖：獸醫師許哲榮

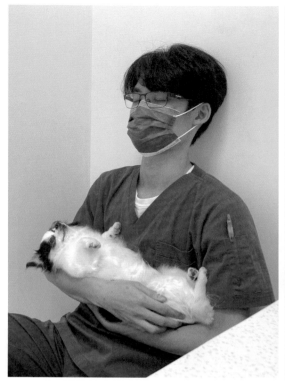
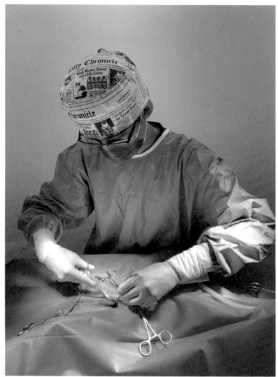

圖：麻醉科獸醫師許哲榮致力於提升麻醉品質，且相當重視寵物就醫時的感受與情緒

給讀者的話

儘管每個行業創業都需要盈利才能永續發展，但在動物醫療中，創業者仍需以醫療品質為主，不能以金錢為優先考量，而犧牲了動物的福祉。

經營者語錄

有目標，才有方向跟力量！對於生命，選擇沒有對與錯，只要充分了解及溝通後，飼主做的選擇對寵物而言，就是對的決定。

品牌核心價值

專業、愛護與陪伴，給予最專業且適合的動物醫療服務，一同與飼主加倍呵護毛寶貝。

嘉貝動物醫院

公司地址：新北市新莊區昌和街 65 號

聯絡電話：02-85219838

產品服務：犬貓診療，包含腫瘤科、麻醉科、急診重症加護、齒科、骨科、內外科等等

Facebook：嘉貝動物醫院

Instagram：@furbabyah

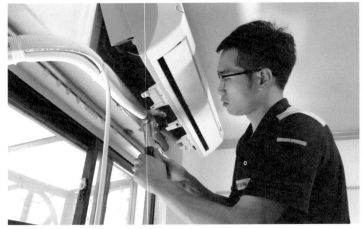

圖：畯・冷氣期盼能用最完善的品質、服務與便利性，回饋給有緣相遇的忠實客戶

畯
·
冷
氣

讓家會呼吸，為四季帶來舒適體感的「心」夥伴

　　炎炎夏日，戶外的高溫總令人熱汗奔騰，冷氣便是所有台灣家庭的必需設備；而冷氣的裝修和保養，更是每年都必須進行的一項重要工事，看著師傅做，工序看似沒有太大難度，其實背後，是細節的覺察與精細的規劃。「畯・冷氣」，一個深耕於桃園以北的冷氣裝修品牌，除了用精良的裝修技術服務民眾，讓家會呼吸，也是一年四季都能帶來舒適體感的用心夥伴。

因緣際會之「客戶、學徒、老闆」的角色轉變

　　談起冷氣裝修事業一派輕鬆的陳駿衡，是「畯・冷氣」品牌背後的核心人物，話語之間雖輕快，但一路走來到成立品牌，則是一連串的深思熟慮。

　　回想起當年剛退伍的自己，駿衡說：「時常聽老一輩說如果今天你不會讀書，就去學技術，可是突然間你說要學什麼，好像也不知道要從哪裡開始。」有學習技術的想法，但尚未找到起點的駿衡，竟是在某次家中冷氣漏水的情況下，找到了學習技術的契機。「我以前是做餐廳跟門市服務業的相關工作，有次冷氣壞了我就上網查、找了一個老闆來修，聊天過程詢問老闆：『你們這個行業會不會很缺人？』他表示很缺，跟我說可以來試做看看。」就在這樣的因緣際會下，駿衡從客戶變成學徒，從此走上冷氣裝修事業的道路。

　　角色從客戶變學徒，駿衡看待裝修技術的角度也有了改變。「當初看著師傅做，感覺這工作沒有太大的難度，但開始在案場實作之後差異的確蠻大的。客戶看到的是簡單的保養、清洗跟排

水管疏通這些容易完成的動作，但從我們來看，它是有很多細節要去注意的，管線的排水斜度、機器的迴風高度，還有跟設計師的溝通都是很重要的工作。」

　　跟著老闆前後學習六、七年時間，有鑑於這是一份高勞力的工作，駿衡表示不論是自身體能或能夠投入的工作時間，都會隨著年紀漸增而有所限制，於是有了創業的想法。畯·冷氣自 2019 年成立以來，目前除了老闆駿衡，還有兩位一起工作的技術夥伴。

圖：不同的角色，看待同一件事情會有不同的觀點，從客戶、學徒到老闆的角色轉變與經驗洗禮，使駿衡在面對工作挑戰時，同時理解各方所考量的面向

從生活需求出發，體貼你的家

　　主要服務範圍在桃園以北，畯·冷氣除了冷氣的裝修和保養，也有隱藏式除濕機和全熱交換器的安裝服務，駿衡以專業談道：「現代人對空氣品質日益要求，建案也都流行主打養生宅跟會呼吸的房子，所以近年這種能把室內污濁空氣排去室外，同時從戶外引進新鮮空氣到室內的全熱交換器安裝需求越來越多。」

　　談到全熱交換器，駿衡有同理心地說：「很多客人知道有這個商品，但大部分人卻不太懂它的功能，所以我的習慣是在現場先去了解客戶為什麼想安裝，是因為小孩鼻子過敏還是其它原因，跟客人深聊生活習慣，去理解他究竟需不需要，再從安裝條件、裝潢設計等做判斷，完整一套溝通後讓客戶自己做選擇。當然客人裝我多賺錢，可是我不會這樣做。」不僅要提供裝修技術，更要分享專業知識，因為有分享、有交流，才會明白客戶真實的需求，也才能真正照顧到住在房子裡的人。

圖：不僅要提供裝修技術，更要分享專業知識，因為有分享、有交流，才會
明白客戶真實的需求

創業是一種自我成長，更要用心被看見

　　場勘時總是以客戶的需求做評估並為其著想的駿衡，談及創業初期則笑著說：「一開始只單純想到一進一出能賺多少，結果發現營業額明明不少，怎麼沒有多少利潤。」對此，隨著經營的時間越長，駿衡學習到從事進出帳大的高成本行業，每個月的管銷費用也必須合併在內，資金的運用跟周轉必須有所權衡，一切急不來，從長期的角度時刻觀察公司的運行狀況才是正道。

　　正是領悟到一切急不來，讓駿衡對技術人員的組成以及團隊整體的協調度更加重視，「剛開始案量並不多，我就想說那我們慢慢做，要注重每一個細節，不趕工也不怠工，花時間把每一個項目都做到最好，讓大家漸漸認識我們。」所謂的細節，即是管路走線和排水走線都要完美整齊，不可因裝潢後看不見線路而草率交差。

　　注重工項上的細節，主動詢問客戶的滿意度，讓畯·冷氣在這個非常競爭的行業裡，逐漸站穩了腳步，目前已有十家以上的設計公司在配合，駿衡自信的說：「設計公司案件量多，看的廠商也非常多，會選我們主要是因為我們比較好溝通，安裝的方式是他們以及客戶都能夠接受的；也有客戶主動找到我們，通常只要跟我們合作過，未來有需求都一定會再回來洽詢！」

圖：畯·冷氣的服務特色在於擁有完善的溝通管道，更貼近客戶的設備裝修需求

圖：在創業的路上，站在客戶的角度為其著想，也有助於思考如何將一手打造的
事業更加圓滿地發展下去

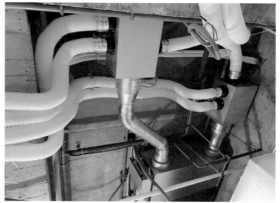

圖：把握工程中的每一個細節努力做到最好，讓客戶安心又滿意，開發潛在客源也創造穩定回流

期盼打造一條龍服務，回饋客戶的支持與信任

工作過程重視與客戶溝通，交談時喜歡把客人當成家人、朋友的駿衡提到，希望在場勘的聊天過程中，客戶能夠感受到彼此是以朋友的身份在交談，而非單純一場裝修交易。「即使今天沒有給我們施作都沒有關係，我們也會盡量給好的建議，甚至有時候不是我的案子，客人也會打給我詢問一些專業上的問題。」

基於客戶的支持和信任，駿衡期望自己能夠在品牌穩定發展之後，一步步拓展事業的版圖，打造出與「畯·冷氣」形成一條龍服務的「畯·設計」與「畯·水電」，期盼能用最完善的品質、服務與便利性，回饋給創業路上與自己有緣相遇的忠實客戶。「但這需要很長一段時間，要慢慢來，因為以經營的角度來說，每增加一個項目就需要多一筆資金去運作。」憑藉著駿衡全面性的思考及規劃，相信畯·冷氣的相關品牌，會在未來的某一天嶄新登場。

品牌核心價值

樂於提供注重細節的裝修服務之外，更喜於分享設備裝修的專業知識，對畯·冷氣團隊來說，這不僅是在做生意，更是帶著友善的態度，和每一位宛如家人、朋友的客戶用心交流。

經營者語錄

短線獲利叫賺錢，長時間用心去做才是經營。

給讀者的話

沒有準備好不要創業，因為創業是很辛苦的事情，建議未來創業者在資金、自身條件、團隊組成都良好的情況下再出發。

畯·冷氣

公司地址：桃園市龜山區萬壽路二段 1248-6 號 1 樓　　Instagram：@ jun17838866

聯絡電話：03-4565678　　Facebook：畯·冷氣

官方網站：https://www.jun-leng-chi.com.tw

SYU. BAKING

圖：老公和兩個女兒是 Syu 創業路上最大的動力

烘焙魂下的法式經典，被稱作「天使之鈴」的高貴美味

　　在法國巴黎的糕點店，一定找得到一種外觀看起來像小鈴鐺的甜點，那是來自法國西南部波爾多地區的特產，是素有「天使之鈴」之稱的可麗露，至今已有三百多年的歷史；外脆內軟的它，散發著各種口味的迷人香氣，深受全世界甜點控的喜愛。SYU.BAKING 即是個忠實還原可麗露的經典和高貴的烘焙品牌，其獨特的口感吸引了許多新世代的美食家，如今已成網路上一單難求的人氣美味。

夢想的背後，是一次次的堅強、獨立和努力

　　「SYUBAKING」烘焙品牌創辦人 Syu，同時也擁有「戴 DAI JIN 極品干貝醬」和美食佐料「Fenla 粉辣」的知名品牌，Syu 本身具美容專長，婚前從事美容行業和專櫃人員多年，來自單親家庭的她，幼時因辛勤的母親忙碌於工作，便將她交給保姆照顧，未料長期遭受保姆虐待，「小時候一直很負面，覺得自己家庭不溫暖，而我就是個被虐童。」直到長大懂事後，才明白母親當年的苦心，如今已走出陰霾的她，在懷孕三個月後即離開職場，只希望未來能夠用完整的愛照顧自己的孩子。

　　「我自己是閒不下來的個性，我喜歡豐富的生活和斜槓的人生、喜歡充分利用所有時間，那時候我就在想，做什麼能夠讓我兼顧帶孩子又能工作？」由於心中始終有個「美食夢」，加上 Syu 的母親手藝非常好，於是和家人討論後，決定開一家麵店，將母親的好手藝發揚光大，「媽媽就是我當年創業的美食總監，所有餐點上市前都必須先經過她挑剔的嘴。」就這樣靠著穩紮穩打、一點一滴累積經驗，並請來哥哥一同幫忙，Syu 一邊照顧大女兒，一邊將牛肉麵、手工餃子和各式拌醬賣得有聲有色，並直呼「真的忙不過來了！」

麵店生意蒸蒸日上，Syu 在大女兒四歲上幼兒園後，想給女兒一個生日驚喜，於是利用空班時間找了翻糖老師做一對一的教學，沒想到這麼一做從此燃起了烘焙魂，「後來兩個表妹生日，我也做了蛋糕為他們慶生，老師看我越做越上手，認為我的手藝很有天分，也很鼓勵我可以往這行發展，就這樣開始了我『不專業』的接單。」從最初來自朋友的訂單，考取翻糖證照、精熟手藝後，Syu 在 2019 年創立了 SYU.BAKING 品牌，經營麵店之餘，也試圖開創這項興趣副業。

隨著網路上翻糖蛋糕的單量越來越大，Syu 夫妻也計畫在麵店第六年時生養二胎，面對著二女兒即將出生，Syu 堅定說道：「我勢必要有所取捨。」所幸後來閨蜜一口氣將整家店接下，麵店的好味道才得以延續，Syu 也無後顧之憂地回歸家庭、接單做翻糖蛋糕直到生產。然而，計畫總是趕不上變化，Syu 生產後發現二女兒並沒有大女兒來的好帶，「大女兒就是天使寶寶，我才能做那麼多事，但二女兒就像小惡魔一樣，出生就是要來磨練我的！」眼看需要大量時間、體力和心力來照顧孩子，翻糖蛋糕實在沒時間繼續做下去了，於是 Syu 開始思考未來的發展。

當時適逢疫情關在家裡三個月，Syu 每天除了專心帶孩子，還要一手包辦三餐加甜點，每天變換不同料理，並開始拍攝簡單的烘焙影片，起初只是為了記錄三個月的防疫生活，分享給社群上的親朋好友，「沒想到拍著就拍出烘培魂來了，每天都在想我今天要做什麼甜點，後來挑戰了難度高的可麗露，居然第一次就被我做成功，再來的每一天，只要有朋友說想吃，我就會很開心的製作分享給他們，一方面也是想挑戰看看是否真的那麼好吃，直到我一位美食專家好友佩瑤吃完和我分享心得：『完全不輸外面名店，可以拿出來賣了，拜託妳一定要賣！』後續還一直追問我到底要開賣了沒，直接超大力地把我推上斷頭台，經過了兩個月的專研，開始了翻糖蛋糕店轉型的第一步，透過開團的方式賣起法式點心可麗露。」

圖：富有烘焙天分的 Syu，從翻糖蛋糕做起，開始了自己的品牌創業之路

圖：在 Syu 用心的製作與經營下，SYU.BAKING 完美詮釋可麗露的經典法式風味

嬌貴，從裡到外都看得見

　　來自法國西南部波爾多的可麗露，基本材料有麵粉、糖、牛奶和蛋，製作材料非常容易取得，但前置作業和烘烤時間則長達三小時，起初是內外的軟硬度和上色最不好拿捏，是個挑戰度極高、非常容易失敗的甜點，因此，除了「天使之鈴」，人們也稱它為「最嬌貴的甜點」。

　　由於是一人工作室又需兼顧孩子，每日製作量大約只有三百顆，亦即五十盒，在人力和時間有限的情況下，Syu 以每月開團的方式集中訂單，讓顧客訂購這個「嬌貴」的美味，她表示自己很幸運，「疫情帶動網路電商和自媒體蓬勃發展，也讓 SYU.BAKING 在這個時機點累積了不少顧客。」開賣首月賣出八十盒，接著逐漸破百盒，如今每回開單便會在十分鐘內秒售四五百盒，成為名副其實的人氣可麗露，Syu 很開心地說：「大家都說我的可麗露比五月天門票還難搶呢！」

　　談起自家可麗露的特色，Syu 說：「可麗露是我無師自通自學而來的，查遍網站上所有資訊和影片，不斷的去找尋方法和調整配方，在籌備的過程中也廣泛去試吃市面上各大名店的可麗露，讓自己站在顧客的角度，找出客人所在意的細節。」因此，SYU.BAKING 品牌創立初期，最大的課題就是要如何把產品的口味大眾化，進而精緻化，從產品到包裝設計和品牌的定位、堅持可麗露的單顆封裝，都是 Syu 精心規劃和努力嘗試的成果。

　　目前 SYU.BAKING 的可麗露共有十種口味，分別是：經典原味、莓好食光、莓來找茶、芋見幸福、貴婦泰泰、金球可可、茶茶菓菓、花鹽巧語、70% 黑巧和抹茶乳酪，其中經典原味、莓好食光、貴婦泰泰、金球可可和茶茶菓菓最受顧客的喜愛。除了原本退冰五至十分鐘即可品嚐的食用方式，Syu 也發明「熔岩巧克力」的新奇吃法，「金球可可和濃郁巧克力非常適合，微波三十秒後切開會有熔岩的效果，靜置五分鐘可達到外脆內軟，很像在吃熱的脆皮布朗尼、層次多變化非常好吃。」

圖：家人的支持讓 Syu 突破所有創業的挑戰及困難，勇敢前進

藏在甜味裡的運動家精神，來自一段相互扶持的愛

性格堅毅的 Syu，看似已經征服了所謂「最嬌貴的甜點」，Syu 回憶並坦言：「可麗露非常陰晴不定，在製作的過程中，我已經丟掉了上百顆！」烤不到位會太軟，烤過頭又會焦掉，烤出來沒有冰，一旦回軟了更是變成台式發糕，麵糊入模的前置作業一旦沒做好可麗露還會歪掉，變成梯形的可麗露都等同於瑕疵品；這些經驗讓 Syu 感到焦慮和挫敗，加上要趕單和帶孩子，對身心來說都是一種煎熬，「非常要求完美的我，實在放不過自己，沒有做到最好無法安心休息。」而時間一分一秒的過去，常常做完已是大半夜四、五點。

在這艱難的過程當中，幸運的是，Syu 身旁有一位真心相待、願意支持她的好老公，他是過去曾效力於中職中信兄弟棒球隊、現任富邦悍將隊的首席教練黃泰龍；Syu 感性地說起老公給予她的種種鼓勵，「因為先生的職業生涯經歷有著和一般上班族不同的考驗，他常常以他的職業，也就是棒球運動來勉勵我，他說過：『棒球是高失敗率的運動，但要成為頂尖的職棒選手，往往就是要經歷更多的失敗才能從中獲取邁向成功的養分。』所以我不斷嘗試不同的配方、烤模的養護方法等等，仔細地找出問題點並加以修正，慢慢建立起屬於我自己的品牌價值。因為有他，我才能一直放心的做我想做的事情，即使邊帶著孩子在做，再辛苦都能堅持走下去。」

現在身為兩個可愛女孩的母親，同時也是個成功創業者的 Syu，由自身經驗，在訪談的最後誠懇地給出建議，「我喜歡把興趣當作是我收入的來源，不管是外出工作也好，自己創業也好，時間管理很重要，不要因為賺錢而去做某件事情，學會把時間用在自己真正有興趣而且喜歡的事物上，找到最適合自己的節奏，若是看長遠，做起來開心舒服比賺多少錢還重要。尤其像我這種全職偽單親媽媽，很需要有適當的窗口來紓解自己的壓力，所以現階段對我來說工作是在紓壓而不是帶給我壓力，因為沒有任何辛苦比帶孩子還要勞心勞力，所以我只想做自己有興趣的事情，包含甜點也一樣，我只做我喜歡吃的，專注在自己喜歡的產品上，做到十足的把握，把品質提升到最好，在這一步一腳印的經營過程中便能累積不少主客群。」

品牌核心價值

Giving you the best I got（給予你我所擁有最美好的一切），SYU.BAKING 從完美精緻的包裝設計、乾淨衛生的食品封裝，到持續研發口味多元的可麗露，期待能夠從視覺到味覺，都體貼每一位顧客。

經營者語錄

每一個成功都是從失敗開始，要領悟並且實踐它。

給讀者的話

希望我的故事可以觸碰到每位讀者的心裡，創業其實沒有想像中的那麼困難，只要規劃好，執行力強，有心就一定可以持續下去。

SYU.BAKING

Facebook：Syu.baking
Instagram：syu.baking

圖：玖合空間協作傾聽人們對於生活的想像，從中打造出最適宜的生活場域

玖合空間協作

玖合 | 空間協作
9s Interior Design

貼近人心的幸福設計

　　家，是心靈停泊的港灣，也是乘載生活與情感的容器，空間設計若能貼近人心，則能為居者打造適合的格局、機能和動線；凝聚彼此的情感，創造幸福生活。2020 年成立的「玖合空間協作」，由何慈涵及劉建宏共同創辦，他們相信在創造空間意義和內涵前，更重要的是傾聽人們的需求，才能打造最合適的室內規劃，並賦予每個空間獨特的意義。

專注聆聽顧客需求，共同打造幸福家園

　　「玖合」音同方言「就好」，有著長久合作的意涵，專案設計師建宏表示：「一般而言，室內設計的本位主義較為濃厚，但以玖合來說，我們相當鼓勵業主與我們共同創作，激盪出更多不同的火花，同時，我們不只聚焦於居家或商業空間規劃，其他類型的裝修工程或空間氣氛營造，我們也相當擅長，因此當初創業命名時，才取名為空間協作。」

　　從創立至今，有不少居家空間設計需求的顧客紛紛尋求玖合的協助，每個經手的案子，建宏及專案經理慈涵都視如自己的房子般，耐心地聆聽家中每位成員的需求，並給予專業的建議。近期他們完成一個一家四口、17 坪的物件，由於父母的作息不相同，兩名子女也長大了，因此業主希望能將 17 坪的空間規劃出 4 間房，在有限空間的限制下，玖合仍成功滿足業主需求，並完善豐富的生活機能，讓家中每個人都能保有自己的一片天地，恣意地享受生活。

　　慈涵有感於隨著 3C 產品的普及，現代人對電子產品的依賴越來越高，小孩更容易沉溺於手機，間接影響家庭關係，因此在規劃空間時，他們不僅了解父母的需求，也相當重視孩子們對於

圖：每個經手的案子，建宏及專案經理慈涵都視如自己的房子般，耐心地聆聽家中每位成員的需求，並給予專業的建議

空間的想像於期盼。「有時候父母和小孩的喜好與品味不太一樣，玖合作為橋樑，不會放棄找出父母和孩子都滿意的方式，讓大人小孩都能在這個空間感到舒適，孩子也會更願意留在家中與家人互動，不是只埋首於手機中，這對家庭關係有正面的影響。」慈涵表示。

除了為顧客打造更完善的居住空間，他們也相當擅於運用專業來突破心防，幫助業主與其家人踏出改變生活的第一步。慈涵分享，曾經有個業主的媽媽，因為相當惜物，經年累月囤積大量的鍋碗瓢盆、餐具和電器，大幅壓縮廚房的操作空間與動線，也讓家中成員感到相當困擾；一開始老媽媽相當抗拒改造廚房，但好在多次和老媽媽搏感情，才獲得信任，願意來場廚房大改造。在處理這個案子時，慈涵與建宏相當細心地了解老媽媽的生活習慣，知道她喜好農務，有較多的收納需求，他們便重新規劃廚具及電器櫃，強化垂直收納空間，並一併考量其他家庭成員的使用機能，讓廚房空間變得寬敞、整潔，也為空間帶來「斷捨離」的清爽變化，每個家庭成員能更舒適地使用廚房。

對於水電工程相當專精的慈涵，在做整個空間設計時，相信魔鬼藏在細節中，不僅要做的美觀，細節更要到位。慈涵表示：「水電工作如果考慮的不夠詳盡，後續會造成不少麻煩，因此即使業主沒有主動提出需求，我們也會根據經驗和專業，詢問他們未來是否有可能使用某些家電，像是現在常見的掃地機器人，如果未來有可能會使用，在裝修時就必須預留櫃子底下的空間和插頭。」

空間協作激盪創意火花

除了打造充滿幸福感的住宅，建宏具有多年的商場規劃經驗，相當擅長空間氛圍營造，他總能跳脫框架思考，為空間帶來更多不同的創意與靈感。以坊間的健身空間而言，多數都是走硬漢精實的形象，空間佈滿冷冰冰的健身器材，但在玖合的創意思考下，他反而創作出日系無印風的健身房，添加空間溫馨的氛圍。建宏說明：「這間隱身在巷弄的健身空間，主要的訴求是希望讓想要運動的女生，能像在家裡運動般舒適，因此在設計空間時，我們更關注於營造空間的氛圍，讓使用者能放心、自在地運動。」

在住宅方面，預售屋的客變作業、新成屋規劃到老屋翻新，玖合都有豐富的經驗；商業方面，零售店舖、辦公室空間規劃也完全難不倒他們，除此之外，對於空間設計具有強大熱情的慈涵與建宏，也相當期待能在住宅或商業空間外，例如展場空間設計，能有更多有趣的發揮。建宏表示：「根據我們的商場規劃經驗，能為設計帶來更多創意，慈涵專長的水電工程，在用水用電、設備整合上也能讓整體服務更加完善。」除了住宅與商業空間規劃，玖合也樂於配合不同類型的業主需求，扮演協作角色，激盪出更多創意的火花。

談起玖合空間協作的前景，兩人都一致地認為，優秀的品質才能讓企業永續發展，因此現階段會以沉著不躁進的態度、穩紮穩打，期盼為每一位信賴玖合的顧客，提供最佳服務。

圖：在有限的空間，透過創意思維也能創造出相當豐富的生活機能

圖：以「club house」
為發想主軸，為重視休
閒的屋主規劃出能容納
多人的餐飲空間

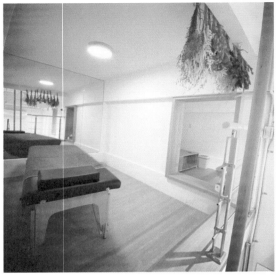

圖：跳脫健身房帶給人冷冰冰的印象，玖合成功打造出溫
暖的無印風健身空間

圖：玖合空間協作團隊擅長住宅與商業空間規劃，致力於打造最貼近人心的設計

給讀者的話

　　工欲善其事，必先利其器，在採購工具、建置設備時首重效能，如：設計繪圖所使用的電腦及螢幕的規格及功能，盡量不能節約，好的電腦可以更快完成繪圖工作；省下的時間，可以為空間提供更多創意。此外，作為經營管理者，同理心非常重要，換位思考就能更明白顧客需求，或是夥伴的感受，把人照顧好，事情才能做得更好。

品牌核心價值

玖合致力於傾聽顧客的需求，將空間做最適切的運用，樂於邀請顧客一同參與創作，打造獨特的室內規劃。

經營者語錄

找到喜歡做的事情把它做好，並且幫助他人成就更好的自己。每一次委託，都代表顧客的信賴與肯定，不論規模大小，玖合都視為作品，盡力做到最好。

玖合空間協作

公司地址：台北市大安區信義路四段 60-79 號 1 樓
產品服務：住宅、商業空間的規劃設計及裝修工程施作，也能扮演協作角色，提供其他空間規劃服務。

聯絡電話：0910-272907
Facebook：玖合｜空間協作
Instagram：@9s_interior

CJ VINTAGE

圖：透過精心規劃的呈現方式，長蓉和綱倫致力於將每件經典作品的細節完整而透明地呈現給消費者，除了讓顧客感受到品牌的真實性，也清楚知道商品的完整樣貌

美好透明的精品購物體驗，延續無數時代經典

隨著循環經濟在歐美日市場的流行，這股風潮也吹至台灣落地生根，其中，中古精品更是扮演著舉足輕重的角色。CJ VINTAGE，一個採無實體店、全網路經營的中古精品風格品牌，在眾多商家之中，因以提供顧客美好而透明的購物體驗脫穎而出，並與無數精品同好，攜手延續一個個時代經典。

故事的起點，始於對「挖寶」的熱愛

「從前我時常前往世界各國參加展覽，喜歡在當地的跳蚤市場、二手店『挖寶』，飾品、衣服和包包等各種東西都有。」CJ VINTAGE 共同創辦人，過去同時也是一名視覺藝術家的吳長蓉，熱情地分享自己從學生時代起便延續至今的愛好。隨著帶回台灣的「寶物」越來越多，當時仍在研究所就讀的長蓉，習慣在搬家前進行整理，並將過去收藏的一些物品放至網路分享、銷售，她驚喜地說：「沒想到遇到了許多喜歡我收藏的同好，一種被認可的感覺油然而生，漸漸地只要有特別的東西，我就會想跟大家分享。」

把每一個包當成藝術品在欣賞，對 Vintage 包有獨到眼光和見解的長蓉，從網路銷售的經驗裡收穫了極大的成就感，這股成就感最後並未隨著時間的流逝而被抹去，相反地，在和曾於電子業擔任專案經理、專長技術行銷的先生許綱倫結婚後，夫妻檔齊心、攜手共創中古精品販售品牌 CJ VINTAGE。基於工作因素，綱倫對市場調查具備相當完整的概念，他表示：「在觀察市場期間，

我發現循環經濟在歐美日市場是非常前衛且流行的概念，這股炫風也逐漸吹往台灣，於是我們決定將長蓉的興趣發展成事業，進而投入了市場。」

夫妻倆各司其職，一人以十餘年的收藏經驗和對精品包的專業知識，站在消費者的角度，持續挖掘自己欣賞且喜愛的 Vintage 包；一人以對市場的觀察和分析，在整體品牌形象的建構、銷售流程及顧客互動體驗上建立嚴謹的經營標準，成為 CJ VINTAGE 能夠不斷為市場帶來眾多經典作品、顧客也能無後顧之憂，安心地在網路上購買中古精品的主要原因。

圖：在外國二手店挖掘好物，是 CJ VINTAGE 共同創辦人吳長蓉自學生時期就開始培養的興趣，也為日後的品牌經營練就了最獨到的選物眼光

圖：我們希望能為客
人打造一個透明、真
實，宛如在實體商店
購物的美好體驗，這
也是我們商品照片從
來不修圖、不使用濾
鏡的原因

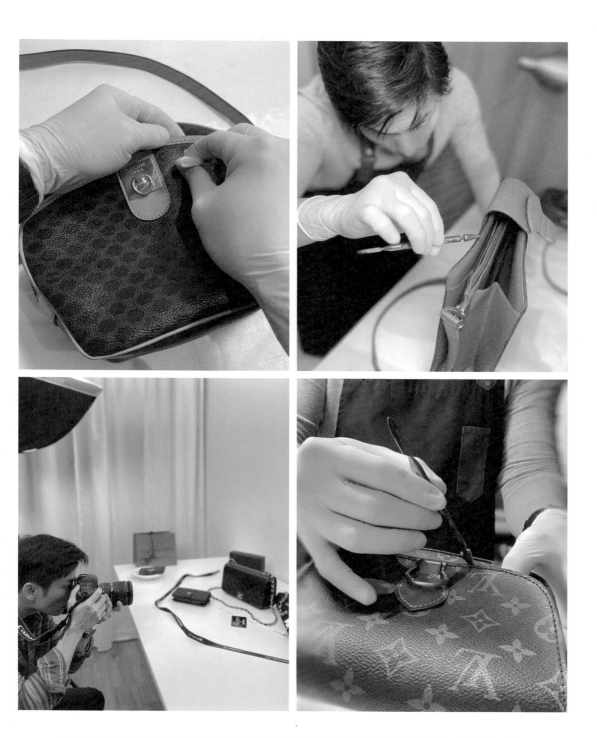

圖：CJ VINTAGE 的商品來自日本正規賣場，皆至公安局備案監督並配有專業鑑定師做把關，收到貨後，會進一步透過驗貨流程或鑑定儀器放大檢驗、再次確認，更有完善的除臭和保養流程，以確保商品品質

真實、安心又便利的精品消費

以無實體店、全網路經營的方式銷售中古精品，在市場中仍屬極少數，初期由於知名度低，在網路上銷售高價精品難免在品牌和貨源上遭受質疑，夫妻倆理解高單價商品在網路銷售勢必會造成許多不安全感，因為消費者最擔心的就是遇到詐騙、買到圖文不符的商品；為保證品牌與商品的真實性，長蓉和綱倫在商品圖片和文案上下足了功夫。

「以前我自己在掏物的過程中，也遇過商品落差大的情況，所以我們更希望能為客人打造一個透明、真實，宛如在實體商店購物的美好體驗，這也是我們商品照片從來不修圖、不使用濾鏡的原因。」長蓉說。透過精心規劃的呈現方式，長蓉和綱倫致力於將每件經典作品的細節完整而透明地呈現給消費者，除了讓顧客感受到品牌的真實性，也清楚知道商品的完整樣貌。然而，夫妻倆想做到的，不僅止於讓客人看見商品真實的模樣，還要以有趣的方式把每一個 Vintage 包帶到潛在顧客的眼前。

綱倫表示：「最初在拍賣平台上販賣就是上架跟銷售兩者間的循環，但漸漸地我們明白，要經營一個品牌就必須從概念出發，讓品牌形象逐漸立體化，所以我們成立了自己的社群帳號，也可以更直接的與客戶互動。」將社群平台上的每張圖、每支短片都當作一個細緻作品用心對待，使品牌的真實性、便利性和藝術性具體表現，完善運用網路便捷的同時，也保有如同實體店面的信任感，打造一個方便、透明、無壓力的精品購物體驗，並持續優化線上服務，是 CJ VINTAGE 經營至今不變的品牌理念。

圖：CJ VINTAGE 挑選之商品不全然以商業考量為優先，而是以豐富的選貨經驗和見解，挑選欣賞的 Vintage 包，更站在消費者的角度，從商品的狀態、故事性與市場熱度等，設定一個甜蜜且高 CP 值的售價

虛擬世界裡，經營貴在誠信

談到在網路上進行高價消費，綱倫給予消費者誠摯建議：「若站在消費者的角度，我認為找到一個值得信賴的店家是最重要的，選購中古精品就如同購買二手車，都需要誠實且值得信任的賣家，以避免任何期待上的落差，並且能幫助消費者省下大把的寶貴時間，免除各種消費時的疑慮或擔憂。建議可以觀察店家對品牌的專業認識、保養與護理知識是否充足，是否可以即時找到客服，也可以確認這家店的做事態度、美感及風格是不是你喜歡的。」

夫妻倆認為，如果沒有實體店面，在網路這個虛擬世界中經營品牌，「誠信」二字最為可貴；鑑於誠信說來簡

圖：夫妻倆認為，如果沒有實體店面，在網路這個虛擬世界中經營品牌，「誠信」二字最為可貴

單、實踐難，長蓉和綱倫堅持投注大量心力於品牌整體的銷售流程，例如：從展現商品開始，就以多方位實拍圖影的方式告知客人商品的細節和狀態，並在對方能夠接受的情況下才進行買賣，售後也依然能針對商品及顧客的需求彈性溝通。

「經營 CJ VINTAGE 至今，客戶都很信任我們，也會將我們介紹給朋友。」誠信的經營和優質的服務，促使 CJ VINTAGE 不斷成長茁壯，走出了屬於自己的經典風貌。

品牌核心價值
CJ VINTAGE 以對經典的尊崇與嚴謹的服務標準為基礎，為顧客打造美好透明的線上精品購物體驗。

經營者語錄
讓思考力乘著行動力的翅膀飛翔。

給讀者的話
當決定要追逐夢想並且開始付諸行動時，美夢已經成真一半了。Just enjoy it!

CJ VINTAGE
官方網站：https://www.cjvintage.com.tw/
Facebook：CJ Vintage
Instagram：@cjvintagetw

路邊擺攤

圖：斜槓創業工程師嘎內

路邊擺攤

當個野放上班族吧！自律工程師的「路邊擺攤」創業之旅

「路邊擺攤」，一個直球對決式的品牌名稱，展現創辦人嘎內不造作的個性，哥賣的不是手搖飲，而是一個機會、一個理念、一種人生的態度。透過自己的創業實踐，嘎內規劃了教學講座分享，顛覆傳統創業思維，讓更多人知道：不需要大刀闊斧改變、負債累累，斜槓上班族也能穩健實踐創業夢想。

一隻手機在手，擁有你的創業智囊團

有著理工背景的工程師嘎內，是個擁有眾多樣貌、善於架構生活且多方涉略的男孩。最初創立「路邊擺攤」的動機之一，是來自 Discovery 頻道的實境節目「富豪谷底求翻身」，敘述美國富翁 Glenn Stearns 要證明，即便在人人不看好的時代，缺乏金錢、資源及人脈時，仍能創業成功，他挑戰三個月內用 100 美元，打造價值百萬的事業。嘎內說：「直到現在，Stearns 的餐飲事業仍有很高的網路評價，代表他是搞真的，既然他都可以在那麼嚴苛的條件下成功，那麼我現在有個正職工作，沒有金錢上的擔憂，與他相比我的條件好多了，沒什麼不能去嘗試的。」

跟時下一般年輕人一樣，嘎內也喜歡滑 IG、抖音、小紅書等社群媒體，但使用社群媒體對他而言，可不是在消磨時間，裡面蘊含無數創業思維的寶藏。他說：「很多人回家會追劇或滑手機，各自有自己的娛樂，我的娛樂則是從這些社群媒體中，吸收更多的知識。」他善用社群平台的資訊，將大家分享的創業方法、擺攤秘訣及打造個人品牌的思維，融合成自己的創業能量，挑選出他喜愛的產品——手搖飲，「路邊擺攤」就此成形。

創業不是非要放棄一切，
才叫做投入

嘎內的正職是個工程師，平時工作內容包羅萬象，一般人對科技業的刻板印象，就是個需要賣肝、工時長的產業，但嘎內的原則卻和多數人不同，「我個人是不加班的，必須維持規律生活，除了上班，每天要固定去健身房運動，還要跟女朋友聊天、週末約會。」

他細數一天的作息，深知上班族斜槓創業，時間就是最稀缺的資源，有別於傳統思維：「創業即是投入一切，放棄原有生活」，他的創業規劃跳脫傳統的思維框架並結合科技業，有著快節奏、高效率的特色。創業初期，嘎內以凡事快、狠、準的氣勢，以兼顧效率和實踐生活理念中的自律原則，勾勒出事業短中長期目標，並清楚描繪未來的藍圖，他從不認為只投注短暫的時間，就無法成就一番事業，「重點是找到最簡單且具效率的方法來達到目標。」

創立「路邊擺攤」其實只是個初期目標，他調查過市場上手搖飲店的加盟金，依品牌知名度大概介於 20 萬至 250 萬不等，嘎內發現飲料創業的高門檻，對年輕人來說，是個巨大的負擔，因此「路邊擺攤」的實質內涵，除了販售一杯杯沁涼的飲料，更是一種「創業的思維」。他說：「中長期目標主要想賣的是機會，希望透過『路邊擺攤』的成功創業模式，分享個人品牌創立及行銷規劃的知識，以加盟搭配教學的混合模式，讓創業者能以低加盟金及持續迭代更新的商業模式，進入手搖飲品市場並持續進步。」

若想拓展至其他產品的創業者，嘎內也有一套系統課程能延伸學習，協助找到適合的產品及模式，以有效率的方式創業，不必遵循傳統思維在草創時期就花上大筆資金。

圖：嘎內採用備受歡迎的客製化小巧思，讓客戶在等待飲料時，可以先選擇喜歡的貼紙

科技助攻創業，互動式經營手搖飲

目前嘎內固定周末在漁光島擺攤，開業不到三個月，陸續吸引不同縣市的客人慕名而來，有別於傳統擺攤以叫賣、地點為優先考量，對嘎內來說，社群平台的流量才是重要的客戶來源。因此，他打破過往大家對於擺攤創業的刻板印象，認為必須要花費一筆資金購買攤位設備才能開始，他改以低成本、低門檻的營運模式，用摩托車運載攤位器具及原物料，不選擇攤位租金偏高的手作市集，將重點放在社群平台的互動經營，讓粉絲知道周末擺攤動向，即使換了地點也能快速分享給大家。

他有效地運用工作及生活的零碎時間，以手機軟體剪輯擺攤影片，搭配不同的配音，讓嘎內在社群平台分享的影片吸睛度極高，他尋求最快速及效果最好的方法，讓影片產出不會成為創業過重的負擔。經營社群掌握的關鍵是，第一，要具有獨特的記憶點；第二則是風格一致並持續產出內容。「社群媒體發布的內容必須具有自己的特色，寧願被酸民罵，也不要平淡地被遺忘，產出的內容不能期望一夕爆紅，而是要充分表現工作時最真實的樣貌。」嘎內不吝分享自己摸索出的社群媒體經營心法。

相機先食，客製化飲品美學

為了邁向中長期目標，「路邊擺攤」的創業模式能否成功就顯得相當重要，嘎內將目標客群設定在 18 至 25 歲女性，他採用備受歡迎的客製化小巧思，讓客戶在等待飲料時，可以先選擇喜歡的貼紙，以客製化杯身來提升參與感，完成後「相機先食」，顧客會先打卡、上傳飲料照片，就成了品牌宣傳的最佳管道。

飲品發想的創意則是以當季水果來作調配嘗試，不同於其他手搖飲料店的菜單，總是滿滿的品項，選取幾個關鍵飲品並適當調整菜單，才是靈活適應市場的最佳策略。在飲料百家爭鳴的世代中，「好喝」已是最基礎的要求，同時還要開發好看、好拍的飲品，滿足目標客戶的需求，將品牌定位、目標客群、飲品設計都精密地環環相扣，未來若建立加盟機制，加盟店也能彈性選擇想賣的飲品，來因應不同地區消費者的喜好。

一般店家視為最高商業機密的比例配方，在「路邊擺攤」的社群平台可沒有這種秘密。嘎內總是不藏私地分享飲料配方和週末擺攤的日常生活，逗趣且深具創意的影片風格讓人不難明白，為何嘎內在擺攤開賣前，早已有許多粉絲在攤位前大排長龍。

周末擺攤並不是一件輕鬆的創業，對於注重生活質量又很有想法的嘎內，不知道是否會疲累、偶爾想偷懶一下，他輕鬆地說：「創業太有趣了！我腦袋裡時時刻刻都充滿新點子，完全不會想休息！因為所做的一切都是為了打造自己的事業。」他表示，因為明白有著長遠目標，現階段的每個小成功都是成就未來的基石，能深刻同理創業者困境的嘎內，以自身的長處和打破框架的思維，把「路邊擺攤」做為起點，一步步幫助大家找到屬於自己的創業路。

圖：漁光島的周末擺攤日常

上排圖：相機先食帶動消費者打卡，做為宣傳品牌的最佳機會
下排圖：社群平台分享新菜單、新貼紙與活動

圖：真材實料的飲品獲得眾多客人的好評

給讀者的話

　　先別想著賺錢，應該先想想怎麼提供價值給其他人，賺錢是最後得到的果實。人家說創業維艱，其實沒那麼難；但說簡單，也不是這麼容易。很多人說在疫情期間創業是一件不明智的選擇，但疫情只是把不會經營的品牌加速淘汰。

　　訂定一個自己認為可行的計畫，就勇敢的去嘗試吧！創業有各種方法，不完全都是需要金錢資本才能做，任何路都是人走出來的，不用拘泥於起點低，而要想「如果成功了那會有多棒」。

品牌核心價值
提供給消費者更棒的體驗與價格，持續不斷的進步，並提供其他創業者低成本試錯的機會與希望。

經營者語錄
與其思考出一個完美的計畫，倒不如開始行動。

路邊擺攤
Instagram：@drink.streetstall、@d0073629
抖音：drink.streetstall
產品服務：手搖飲、網美飲品、創業相關的教學講座

Vivi Chen
美學概念館

圖：Vivi Chen 美學概念館商標

實現你對美的一百種渴望

　　每每經過紋繡美甲等美業店家，是否覺得許多店家風格千篇一律，讓人感到審美疲勞呢？坐落於台中南區的「Vivi Chen 美學概念館」，以一種完全跳脫市場的風貌，打造出兼具時尚、品味和質感的場域，品牌主理人 Vivi Chen（陳嘉珣）精湛的紋繡技術與專業獨特的美感，吸引不少顧客，有的甚至遠從外縣市專程前來，只為享受一場既能變美又能放鬆的美學饗宴。

耐心聆聽顧客需求，以人為本的服務精神

　　2016 年 Vivi 創立品牌時，就決心要打造一個台灣少見的紋繡空間，跳脫傳統紋繡一直以來的空間刻板印象，並帶給消費者截然不同的感受，她採用新古典主義風格，融合歐洲宮廷與中古世紀華麗元素，從家具、燈飾到雕塑品，都一一展現精緻華麗之感，但在華麗的氛圍中，整體空間卻不失平衡與協調之美，許多第一次到訪的顧客，都對這個藏身於大樓中的精緻空間，備感驚奇，宛如從繁華的鬧區穿越至歐洲城堡，享受童話般的場景。

　　Vivi 說：「六年前創業時，我希望整體空間能突顯工作室的特色，更精緻且華麗，不同於一般的美業店家。」從空間設計的細節中，不難看出她對於美感有獨特的堅持，Vivi 長期從事關於「美」的工作，創業前，她曾做過彩妝師、特殊造型彩妝師和整體造型師，由於有豐富的彩妝經驗，從事紋繡工作時，更能以她專業的美感、化妝手感跟多年的彩妝經驗，為顧客量身打造適合的紋繡。

　　關於「美」，詢問一百個人會得到一百種不同的詮釋與定義，儘管 Vivi 是個相當專業的紋繡師，但她總會耐心地聆聽顧客的需求和想法，從不會自恃專業而忽略顧客的需求。Vivi 表示：「我採取一對一的服務方式，有充裕的時間聆聽顧客的想法，我也相當重視顧客感受，以繡眉而言，我一定會實際畫給顧客看，過程中與顧客溝通、討論，確認最後的成品就是如顧客心中預期的那樣。」

Vivi 認為魔鬼隱藏於細節，優質的服務來自於將細節做到極致，每位新顧客到訪時，她總會為顧客預留一段時間，一一說明目前市面上所有的紋繡類別、特色、持久度等知識，讓顧客對於紋繡有基本的認識，再詢問顧客的需求。她說：「我寧願花更多的時間，也不希望顧客在完全不懂的狀況下就直接操作，在詳細說明後，顧客對紋繡有更多了解，才會感到放心與安心。」

在紋繡領域中，Vivi 的作品風格多元，無論是自然派或是濃妝派都難不倒她，除了與顧客溝通需求，她更會請顧客分享平時的打扮和妝容，將紋繡放進整體造型規劃中一併思考。「我不像一般的紋繡師，走『紋繡老師說了算』的路線，我喜歡和顧客有更多的細節溝通，並且做出顧客喜歡也想要的作品，因此在我的工作經驗中，不會發生顧客後來不喜歡成果的狀況，因為在每個環節，我都會一一跟他們說明，並且做出他們所期待的效果。」Vivi 表示。

在台中還沒「髮際線」紋繡時，Vivi 就已獨家引進，這個技術吸引許多外縣市客人特別前來台中體驗，以仿真自然一根一根雕塑的概念，做出最像自己毛流感的髮際線線條，特殊的技巧讓髮際線紋繡成為 Vivi 店裡熱門的招牌項目之一。

圖：不少女孩在 Vivi 的巧手下，顯得更加精緻與美麗

圖：台中店精緻且華麗的空間讓顧客宛如穿越至歐洲城堡，享受童話般的場景

顧客敲碗求開課，手把手一對一細心教學

　　創業六年以來，Vivi 憑藉她細心、耐心的態度，和精緻的紋繡技術，累積了一群忠誠顧客，客源大多來自顧客體驗後自發性分享給親友的口碑行銷，有些客戶甚至願意遠從其他縣市專程前來，只為體驗 Vivi 的服務。不少顧客陸續做過各項紋繡項目，也萌生希望學習這門技術的想法，因此紛紛詢問她是否能夠開班授課。Vivi 坦言，一開始並沒有非常想做教學，希望把大部分的時間和精力投注在顧客服務，但一直以來有許多詢問的聲音，因此近年來她也因應學生的期待，開設了一對一的紋眉課程。她表示：「有些紋繡課程是一個老師教導好幾個學生，這樣可能無法了解學生，也無法看到學生在操作上，有哪些地方不熟悉或哪裡需要調整，因此我規劃透過理論和術科實作的方式，一對一教導學生，讓學生能盡快熟悉這項技術。」

　　目前 Vivi 開設「頂級絲柔飄眉」、「韓式粉霧眉」兩類型的課程，能學習到如何以細膩且無痛的手法塑造出根根分明、線條細膩，宛如天生的眉毛。她認為，紋眉在各種紋繡項目中，最容易上手也不會有太多的失誤，相信學生若花時間和心思好好練習，很快就能掌握這項技術。

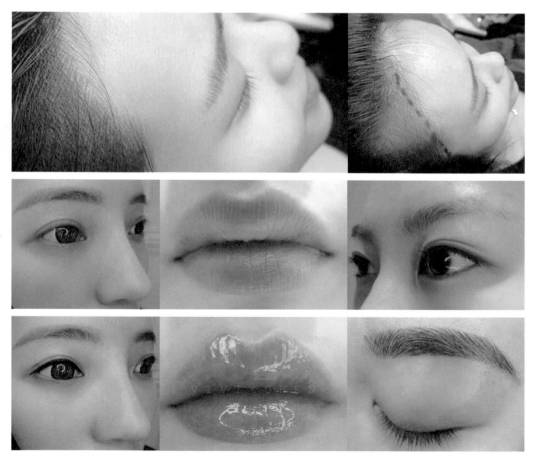

圖：細心、耐心的態度加上細緻的紋繡技術，Vivi 的每項作品都深受顧客喜愛

圖：大器的高雄店於 2022 年正式開幕

療癒且具隱私的悠閒變美時光

從創業至今，Vivi 都維持著親切隨和貼心的服務、沒有濃烈商業色彩的經營方式，每天她設定只接三個客人，讓自己有充分的時間服務好每一位顧客，且由於是一對一的規劃，顧客也能在接受服務時，享有隱私性和專屬自己的悠閒「變美時光」。

從舒適的空間規劃到專業的服務流程，不少顧客嘗試了 Vivi 的紋繡後，都紛紛介紹親友體驗，也讓她的客群相當廣博、跨足各個年齡層，許多女孩也會帶著自己的男友和丈夫、媽媽、家人，體驗繡眉和髮際線，讓變美這件事再也不只專屬於女性。

由於 Vivi 的顧客族群除了中部，南部跟北部客人也非常多，因此 2022 年她也計劃在高雄設立分店來服務南部的客群，一解南部顧客的奔波之苦，且高雄分店也會由 Vivi 親自服務、不假他手，服務品質與台中旗艦店一致。談起高雄分店的空間規劃，Vivi 表示，會延續台中顧客喜愛的新古典主義風格，也讓「Vivi Chen」的品牌風格具有延續性，「讓消費者一看到高雄店，就能有高辨識度，看出是 Vivi 的工作室。」

品牌核心價值
紋繡市場非常的競爭，希望跳脫市場一般的紋繡模式，藉由 Vivi 特有品味與細膩服務，深深擄獲顧客的心。

經營者語錄
相信魔鬼藏在細節裡，每個用心與精緻的服務，讓紋繡也能像是做 spa 般放鬆療癒。

給讀者的話
忙碌的生活裡，更需要留一點時間好好愛自己，變美不是為了取悅別人，而是成為更好的自己。

Vivi Chen 美學概念館
店家地址：《台中旗艦店》台中市南區忠明南路 550 號 4F-1、《高雄分店》高雄市新興區順昌七賢一路 121 號 8 樓之 9
聯絡電話：0913-515608
官方網站：https://hemusih.com/vivichen-beauty-studio/
產品服務：韓式霧眉、飄眉、粉霧眉、野生眉、繡眼線、繡嘴唇、水晶嘟嘟唇、髮際線、紋繡除色、眉毛除色、粉黛眉、漸層繡眉、男士繡眉

Google Map：VIVI CHEN 美學概念館
Facebook：Vivi Chen 美學概念館
Instagram：@vivi_chen_2016
Line：0913515608

1+1 happiness store

圖：1+1 happiness store 婚禮佈置提供專人到場的公版送客拍照區、相本區佈置以及禮金桌佈置，廣受新人好評

一加一的甜蜜幸福，打造美好的永恆紀念

擁有一場夢幻婚禮，絕對是每一對新人所夢寐以求的，不論是奢華、優雅、清新或是簡約的風格，來自高雄的 1+1 happiness store，提供高雄、台南和屏東地區的新人極具質感的婚禮佈置，而未來在寶寶出生後，亦提供舉辦寶寶抓周派對的服務。秉持著環保永續與關愛生命的品牌理念，珍惜每一次服務的機會，1+1 happiness store 以簡單的預算，為顧客創造不簡單的永恆紀念。

踏入婚禮佈置的創業契機

談起創業故事的來龍去脈，1+1 happiness store 品牌創辦人陳亞莉說：「曾經不想擔下任何創業風險的我，以為自己會永遠當一名穩定的上班族，真的沒想到……有一天我也擁有了自己的事業。」亞莉原本在前公司負責美編企劃等相關工作，工作內容同時兼具了櫃點佈置與活動主持等多種項目，促使她即使身在一家小公司裡，也培養出所謂「一人多用」獨立而多元的執行能力，亞莉表示，「當時雖然辛苦，不過那都成為了日後創業的養分。」

未曾想過要創業的亞莉，直到某次一位準備要結婚的友人向她問起，「為何不出來做婚禮佈置跟道具租借？」才輕輕地喚起了她的創業意識。「那時婚禮佈置和道具租借的風氣正起，我想這或許是個機會，於是展開了斜槓人生。」創業一個多月後，亞莉終於接到第一筆訂單，此後，亞莉便運用先前在公司訓練出的佈置美感及市場行銷能力，並藉由顧客之間的口碑宣傳，成功在婚禮佈置市場中穩定發展。

圖：1+1 happiness store 以簡單的預算，為顧客創造出不簡單的永恆紀念

雙重衝擊，沉澱後再出發

隨著事業穩定發展，亞莉卻因社會的變遷而遇上了新難題，「隨著公版婚佈逐漸盛行，除了一般佈置廠商加入市場，飯店業者也推出自家的公版佈置，加上結婚率逐年下滑，公版婚佈的預約量也有所影響，我開始思考是否應該加入其它的服務項目，為客戶服務提供新價值。」雖然結婚率下滑、婚姻市場式微，然而，顧客針對「抓周派對佈置」的詢問度卻一點都不低迷，亞莉把握良機，開始為客人著手規劃寶寶的抓周派對。

起初，亞莉躊躇不前，不確定這是否是一個正確的方向，依靠著身邊家人朋友們的暖心支持，亞莉擁有了足夠的信心，透過轉型以應對婚禮佈置市場式微的挑戰；在進駐工作室後，抓周派對透過參與過的客人在社群網站上的分享力，預約量隨著時間漸有增長，本以為新的篇章就此展開，但是，真實人生往往比小說故事更令人驚心動魄……「接著迎來的是疫情的衝擊，尤其在三級警戒發布之後，預約的訂單一夕之間歸零。」背負著房租及固定成本的壓力，亞莉用積蓄撐住生活，構思出許多行銷方案，也增加派對道具的租借項目，但生意仍不見好轉；此時，亞莉想起日劇「長假」中的一段話，「低潮的時候是上帝給的長假，好好享受假期，不用勉強衝刺，假期過了，一切就會好轉。」積極轉念、擺正心態，亞莉開始放慢腳步，接設計案子，並審視工作上是否有需要精進或修改的地方。

「無論是婚禮佈置或抓周派對，同樣也要隨著市場變化而不斷更新，在沉澱的這段期間，剛好可以將內心構想而未實現的藍圖拿出來加以規劃，期待疫情過後，能夠提供更好的活動內容及服務。在疫情趨緩後，我已經儲備好能量，繼續前進。」亞莉帶有信念地表示。

圖：MY studio 影像工作室拍攝之作品

圖：1+1 happiness store 提供具備質感場地的抓周派對，針對不同需求推出多款抓周方案內容，現場有主持帶領整個古禮與抓周儀式，
客人帶上生日蛋糕，也會有蛋糕慶生的流程安排。此外，更推出「寶寶性別公布派對」，先由兩款小遊戲帶入，最後迎來刺激的爆
破性別揭曉氣球；部分方案提供輕食餐點和甜點，讓客人在活動結束後，可以悠閒享用餐點並享受與親友的相聚時光。
　　最右下之附圖為元澤野藝術影像團隊拍攝之作品，其他附圖皆為 MY studio 影像工作室拍攝之作品

圖：除了婚禮佈置著重環保永續的理念，亞莉更在開發寶寶抓周派對後，看到每位來參加的寶貝，都是在親友的祝福和愛護下成長，
反思在某些看不到的角落，一定也有小生命正期待被關愛，期盼未來在打造品牌價值之餘，也有能力為社會貢獻。
上圖為 MY studio 影像工作室拍攝之作品；右下圖為 HAO photography 拍攝之作品

婚禮佈置與抓周派對背後的理念

　　不論是婚禮佈置服務，還是寶寶抓周派對，1+1 happiness store 想為顧客創造的是不過度熱絡，也不冷漠相待的「適當的親切」。亞莉認為：「以同理心去回應顧客需求，客人一定也會反饋給你。在不斷求新求變的市場中，無論是婚禮佈置或抓周派對，都必須不斷的更新細部環節，希望每一個環節都能成為顧客的美好回憶。」

　　以婚禮佈置來說，1+1 happiness store 以公版佈置為主，即是希望新人能以平價的價格，獲得質感與個人風格兼具的佈置服務，而另一方面也期望藉由使用重複利用的公版主題，減少廢棄物產生並達到環保永續的理念。同樣也推出公版主題佈置的抓周派對工作室，現場環境以清新溫暖的木質傢俱和配件呈現，色彩不再是既定印象中高飽和度的兒童色調，而是以溫馨的大地色系為主；室內則採取脫鞋制度，營造像在家一般的舒適感，讓參與的賓客不用侷限在座位上，而是能自在的使用到每一個空間，即便是席地而坐也覺得輕鬆自在；餐點區也別具巧思，加入了寶寶照片佈置和客製礦泉水瓶，更開放爸爸媽媽攜帶立牌、畫框相本或是紀念小物來現場佈置，在既有的公版佈置中一樣能擁有獨特的派對風格。「我們也特別與 MY studio 攝影團隊合作推出聯名方案，共同主打限定主題背板做出市場區隔。」亞莉補充。

　　除了別具巧思和特色，向來關注流浪動物和偏鄉弱勢孩童等相關議題的亞莉，經常在創業後反思「品牌是否對社會有所價值及貢獻？」因此，抓周派對工作室提倡寵物友善，作為實踐品牌價值與社會貢獻的第一步，除了會持續推廣流浪動物「領養代替購買」的理念，未來也期望能夠和弱勢兒童相關機構合作，讓某些看不見的、角落裡的小生命，也能得到跟幸福寶寶們同樣的關愛與祝福。

品牌核心價值

1+1 happiness store 主要提供「幸福的服務」，從婚禮佈置到寶寶抓周派對，只要顧客將人生中美好的幸福大事託付，1+1 happiness store 便珍惜每一次服務的機會，讓顧客回想起這片段的記憶時，都會是幸福的微笑。

經營者語錄

一個人走的快，一群人走的遠。1+1 happiness store 能夠持續經營至今，並不是我一個人成就這個品牌，而是身邊家人的支持，好夥伴們無私的協助，才讓我在每一次遇到困難時能迎刃而解、不斷前進。

1+1 happiness store

Facebook：高雄婚禮佈置 1+1 happiness store 婚禮佈置 / 寶寶抓周派對

Instagram：@11happinessstore

里菲生技

圖：里菲生技本著「預防」代替「治療」的信念，研發各項保健食品

翻轉健康產業的新「食」機

　　因全球新冠肺炎疫情影響，加上台灣即將於 2025 年邁入超高齡社會，人們的健康意識更加高漲，使得保健食品需求增加，人們比過往更重視「未病先防」的必要性，過去曾於製藥大廠工作的陳守鵬，了解到益生菌對人體健康有多項好處，且有潛力能成為藥物的替代品，因此他離開藥廠，並於 2020 年創立「里菲實業股份有限公司」，希望幫助更多人和動物藉由益生菌，來全方位提升身體健康。

以藥廠嚴謹的規格，研發保健食品

　　不少人在挑選保健食品時，常常感到暈頭轉向，對產品成分充滿疑問，也不了解食用是否真能帶來好處，當初創業時，陳守鵬深切地想要打破這種現狀，希望能以更透明的方式，幫助消費者挑選優質的保健食品：「許多人在食用保健食品時，往往不了解產品成分、原料或是工廠製程，對很多細節都一知半解，因此我希望能做較大的突破，幫助消費者了解保健食品，也確保他們能食用到真正有效的產品，為身體帶來益處。」陳守鵬表示。

　　在眾多保健食品的成分中，陳守鵬認為益生菌已被證明能治療許多疾病，有著不少優點，深具潛力成為藥物的替代品，因此創業初期，他專注於益生菌相關產品的研發。他指出，腸道是人體最大的消化與免疫器官，當腸道壞菌的數量超過好菌，或好、壞菌失去平衡時，身體運作就會開始失調，因此腸道若健康，人也不容易老化或生病，這也是為什麼近年來，許多科學研究都特別關注益生菌保護腸胃或改善身體不適的成效。

里菲生技針對女性私密處問題、失眠問題、免疫力較差、消化道不適等現代人常見的狀況，一一擊破，透過益生菌、益生元和多重營養物質成分，打造不同配方，幫助生活步調緊湊的現代人，減緩惱人的身體不適，調節生理機能、達到最佳健康狀態。

市面上有不少益生菌品牌，宣稱菌數達幾百億甚至幾千億，但益生菌在到達大、小腸道前會有胃酸和膽鹽等考驗，若沒有良好的定殖力，讓益生菌能順利在腸道繁殖，那麼吃下再多也是枉然，因此研發時，里菲生技特別關注保留菌株最佳活性，和菌株的腸道吸附力。

陳守鵬有豐富的藥廠工作經驗，因此里菲生技研發每項產品時，也秉持著以藥廠嚴謹的規格來研發保健食品，與醫院不同科別醫生做研

圖：里菲生技的產品都以藥廠等級的嚴謹規格研發而成

究，了解不同產品在臨床上應用的表現，確保產品成效。除了研發人類食用的保健食品外，里菲生技也深入農村及養殖產業，將益生菌應用於經濟動物或是家中寵物，希望能改善動物健康，也提升食用安全。

「不少企業主或是消費者對於益生菌等保健食品，屬於一知半解的狀況，除了研發產品，我們也希望能分享這些知識，從製程、儀器設備或定殖能力等等，讓更多人了解。」陳守鵬表示。

圖：不少研究指出益生菌能提升健康，具有成為藥物替代品的潛力

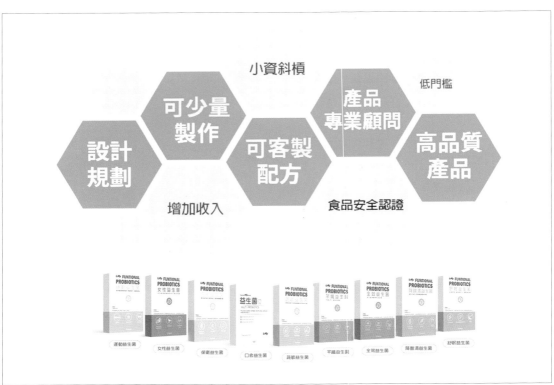

圖：各式功能的益生菌守護消費者的健康

品質保證

通過ISO22000、HACCP、FSSC 22000、TQF、NSF cGMP 取得HALAL標章

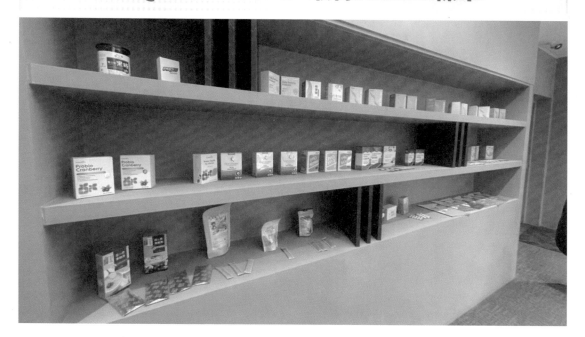

圖：里菲生技希望能提供一個完善的產業鏈，將原料、配方、品牌設計等資訊
和做法，分享給有興趣加入健康產業的創業者

圖：里菲生技所有器材與設備都如藥廠等級一般高規格

打破健康產業「大者恆大」的態勢，協助年輕人創業

根據食品工業發展研究所推估，2021 年台灣保健食品市場規模高達 1,596 億元，儘管需求相當強勁，但這塊大餅仍舊只被大集團所分食，小型企業或一般創業者較難投入這個產業。陳守鵬認為健康相關產業不應該被壟斷，因此他希望能提供一個完善的產業鏈，將原料、配方、品牌設計等資訊和做法，分享給有興趣加入健康產業的創業者。

里菲生技規劃了一個創業方案，創業者可用相當低的資金，少量製作產品，並可客製化打造不同配方的產品。陳守鵬說：「若是創業者要跟一般大廠合作，需要下訂龐大的數量，許多想創業的年輕人資金並不足夠，他們若和我們合作，則能以三百盒的數量作為起步，我們有專業的行銷團隊和顧問，協助他們擬定行銷策略、文案規劃和視覺設計，從無到有打造品牌。」再者，里菲生技產品都有相關研究數據、國際期刊和國際專利，品質相當有保障。

過去曾有一位 22 歲的女孩，在一間小公司工作，女孩希望增加多元收入，因此找上里菲生技協助她輔導創業。陳守鵬觀察到，想創業的年輕人不在少數，許多人有創意也有想法，但他們找不到優質的產品，且缺乏完善的專業知識，不得其門而入。陳守鵬希望透過公司的資源和團隊，幫助年輕人補足不足之處，讓他們更容易進入這項產業。

有些創業者初次嘗試訂購三百盒的數量，隨著在網路社群和電商平台的曝光與積累，創業成

績相當優秀。「年輕人們能販賣的通路可多了，有些人用網拍、部落格、團購或是社群媒體等等，我相信與他們分享我們的專業經驗，讓他們慢慢成長，在這些人中，很難講不會出現一個商業未來的明日之星啊！」。

　　新冠肺炎疫情對全球經濟、社會、政治、教育和文化，帶來天翻地覆的改變，讓人們對健康有了多角度的認識，同時也讓陳守鵬在原本長年耕耘的醫藥領域，重新省思健康和保健的意義，促成他創立里菲生技，未來，他也將繼續推出其他品項的保健食品，持續守護人們的健康。

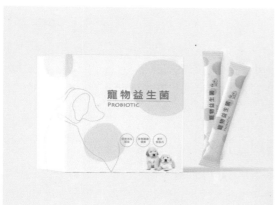

圖：益生菌能有效提升寵物的免疫力，讓寵物頭好壯壯

品牌核心價值
本著「預防」醫學代替「治療」醫學，以誠信、熱衷、服務、創新為理念，打造優質的保健食品。

經營者語錄
不斷的創新與學習是新舊產業的分水嶺，更是企業永續經營的重要精神。

給讀者的話
創業需要的是「放手去做」的勇氣，因為你永遠都不會知道你有多少的潛力跟能耐。

里菲實業股份有限公司
公司地址：嘉義市興業東路 304 號

聯絡電話：05-2167070

Instagram：@liffy_official

Facebook：里菲益生菌—生技股份有限公司

產品服務：功能性益生菌、保健相關食品、品牌代工與設計

S Pilates
彼拉提斯
工作室

圖：Logo 中間一點代表 Pilates，Pilates 又可以延伸出需要注意的原則，像是 核心、呼吸、專注、控制等含義

在運動中，找回屬於自己的身心平衡

　　時刻繁忙的城市裡人車熙攘，街頭一個個身影快速來去，是現代人最真實的生活寫照，也因此，許多人會在空閒時間放慢腳步、藉由運動放鬆身體來達到身心平衡，發明於第一次世界大戰的「皮拉提斯」即是這些運動的其中之一。坐擁市政府店、板橋店，並即將成立第三家分店的 S Pilates 彼拉提斯工作室，採用加拿大 STOTT PILATES 一二級全器械國際認證師資作為團隊，以一對一器械教學聞名業界，在幫助大眾進行體態調整和雕塑的同時，也為繁華的雙北地區，打造一個充滿信任、放鬆與正向氛圍的皮拉提斯鍛鍊空間。

在加拿大，與皮拉提斯的邂逅

　　某個星期一午後，正當 S Pilates 彼拉提斯工作室創辦人 Sherry 談完第三家分店的合作事務後，把握通勤的瑣碎時間與筆者熱切談論著她與皮拉提斯的緣分，以及更多「她們」的故事。「過去我曾於加拿大攻讀國際貿易學士學位，畢業後在相關領域工作將近兩年之久，不過辦公室生活容易使身心疲乏，我不是很嚮往這樣的工作型態，剛好那時大學同學介紹我學習皮拉提斯，改善因工作久坐而帶來的健康傷害。」Sherry 和皮拉提斯的緣分，便是從這裡展開。學習皮拉提斯的一年期間，Sherry 思考成為皮拉提斯教師的可能性，如此一來便可彈性運用時間，工作結合興趣之餘，更能保持個人的身心健康，於是，Sherry 積極上課、練習並參加考試，從初級、中級突破重圍來到了高級，更拿下加拿大 STOTT PILATES 的國際師資認證。

圖：S Pilates 彼拉提斯工作室展店迅速，目前市政府店擁有八位專業師資，板橋店有三位，並且即將拓展第三家分店

　　從加拿大回台灣後，對於台灣的創業及行銷領域不甚熟悉的 Sherry，其實吃過很長一段時間的悶虧。Sherry 回憶說道：「在拿到證照後，我希望能夠擁有自己的店面，而在加拿大開業所需的費用高昂，所以我選擇回台灣創業，因為家裡住後山埤，我也就計畫在附近成立個人工作室。」添購完課程器械，工作室裡僅有自己一位老師，Sherry 開始了皮拉提斯教師生涯，但是，一切並沒有想像中的順利。

　　「我被鄰居檢舉了！由於不熟悉消防、建築相關法規，以及運動空間所需的環境配置，遭到檢舉之後只好搬離原來的工作室，輾轉來到現在市政府店的位置，有了前車之鑑，這次尋求專業人士的協助，確定環境配置符合法規才租下場地，往後開分店我也特別重視這部分，讓學員能安心學習和運動。」S Pilates 彼拉提斯工作室市政府店，自 2020 年底開業至今，教師、學員培養出宛如朋友般的默契與和諧，而在 2022 年九月開張的板橋店，則是 Sherry 與學生一同合作開辦，希望能將皮拉提斯推廣給更多女性。

圖：練習皮拉提斯可預防骨質疏鬆、矯正姿勢、改善下背僵硬痠痛、訓練核心肌群並雕塑出修長的體態；S Pilates 彼拉提斯工作室所採用的 STOTT PILATES 體系，是由一群物理治療師、運動醫學和健身專業人士共同鑽研出的運動方法，著重於重建脊椎自然曲線並恢復關節肌肉之平衡

第一次世界大戰期間受用的「身心科學」

　　距今約莫一百多年前，皮拉提斯並非是今日風行於健身、時尚圈的熱門運動，最早它源自於德國運動家約瑟夫・皮拉提斯（Joseph Pilates），因自幼體弱，進而研發出這普遍適合所有人的運動，在第一次世界大戰期間，更是作為傷兵復健之用，與後來的物理治療息息相關，是名副其實的「身心科學」；時代演變至今，受到歐美超模、韓國明星的推崇，它更成為現代人照顧自身體態與心靈的優雅運動，主要分為墊上皮拉提斯與器械式皮拉提斯，S Pilates 彼拉提斯工作室專注的即是器械式皮拉提斯，運用核心床完成簡單的伸展和高難度動作，以鍛鍊身體各部位。

　　Sherry 說：「相較於其它教室，結合空中瑜伽、重訓等，一開始我的目標和定位就非常明確，我只做皮拉提斯，而且考量到安全，只教授一對一的器械皮拉提斯，主要針對 25 至 50 歲的女性，透過呼吸、核心及器械的控制，幫助她們達到體態的調整、雕塑，並訓練身體的肌耐力；不同於其它體系，我們採用的 STOTT PILATES 體系，教師上課前會為學生量體態，並根據得到的體態資料，為學員『客製』課程。」

　　擁有國際認證師資，每間店至少一位教師具有物理治療師背景，讓 S Pilates 彼拉提斯工作室的學員在教師高度專業的帶領下，不論是骨質疏鬆患者、產前產後媽咪或任何年紀的女性，都能一步步在與皮拉提斯的邂逅下，找回屬於自己身心的平衡與協調。

圖：S Pilates 彼拉提斯工作室教師團隊是 Sherry 心目中「最大的資產」，定期內訓、進修，保
持良好的溝通及互動，讓彼此間沒有上下屬之分，而是宛如朋友般共同攜手前行

有夢，就要大膽嘗試、勇敢追尋

短短兩年間，即將開拓第三家分店，S Pilates 彼拉提斯工作室的成長，遠大於 Sherry 自己的預期，這也讓她有感而發：「有夢，就要大膽嘗試，勇敢去追尋！」Sherry 表示，也許追夢的路上會遭遇失敗，但不嘗試，則連失敗的機會都沒有；只要努力過就不會後悔，因為無論最後是成功還是失敗，在過程中總會學習到東西，它們終會在日後成為自己所需的養分。

「放棄嘗試，才是真正的失敗。」回顧歷史，皮拉提斯當初也是創辦人約瑟夫・皮拉提斯所不斷嘗試、鑽研而發展出來，有益於每個人身心的一項運動；S Pilates 彼拉提斯工作室在 Sherry 的經營下，不僅將皮拉提斯核心、呼吸、專注、控制等知識與技巧教授給學員，也自始至終地貫徹了來自上個世紀的創辦人精神。

圖：從創業初期只有一位老師到現在團隊共有十一位老師，每位老師都善良好相處，教學上細心又仔細

品牌核心價值
簡單純粹，回歸到身體的最佳體態、狀態。

經營者語錄
創業之路是很艱辛的，如果只是以利益為目標，很快就會疲乏不會走的長久，一定要對自己做的事有熱情，才會有動力繼續經營下去。

S Pilates 彼拉提斯工作室
市政府店地址：台北市信義區忠孝東路五段 1-1 號 11 樓
板橋店地址：新北市板橋區莊敬路 53 號
聯絡電話：0908-701699
Facebook：S Pilates 彼拉提斯工作室
Instagram：@s_pilates_studio_taipei

Peanut 童裝

圖：喜愛分享穿搭的美妮笨，相當樂於在社群媒體分享穿搭心法，甚至解答網友育兒的相關疑問，讓她因此結交不少好友

與孩子快樂探索世界，充滿溫度的童裝選物

育兒生活難道只剩下柴米油鹽醬醋茶嗎？其實每天挑選衣物，精心為孩子穿衣打扮，也能為看似平凡的生活，帶來意想不到的樂趣。喜愛分享旅遊與生活的影音創作者美妮笨 Claudia，2020 年迎來第一個寶寶小花生，在忙碌的育兒生活中，讓她意外發現幫寶寶穿搭的樂趣，同年，她決定與更多人分享這項喜好，創立以「現貨為主」的童裝選物店「Peanut 童裝」，希望所有的寶寶能如同小花生，在成長的路途上，穿得可愛、穿得安心，快樂地探索世界。

聊出好業績，電子商務也能保有人情味

不少網路童裝電商都是以預購為主，但美妮笨卻反其道而行，她形容自己在購物時缺乏耐心，總希望能盡快地拿到商品，因此創業時她決定以「現貨為主，預購為輔」，讓不愛等待的消費者能盡快收到商品。

Peanut 童裝款式相當多元，有百搭經典的款式，也有讓寶寶一穿上身，就吸引路人頻頻稱讚「好可愛」的特色款式。除此之外，Peanut 童裝也回應近年「大人縮小版」的服裝風潮，讓童裝既保留舒適感，同時增添成人時尚的流行風味。美妮笨說：「Peanut 童裝不僅專注於服飾設計，也相當重視材質的舒適性，像是毛衣或針織衫類型，一定要不扎人，才不會讓小孩嬌嫩的肌膚受傷。」

儘管不少爸媽也希望能幫孩子打扮，但卻常常苦無靈感，不知如何下手，喜愛分享穿搭的美妮笨，相當樂於在社群媒體分享穿搭心法，甚至解答網友育兒的相關疑問，讓她因此結交不少好友。

對於多數人而言，網路電商只是一種購物管道，但在 Peanut 童裝上購物，卻多了人際互動的溫暖，消費者不僅能仰賴美妮笨來獲得質感品味兼具的童裝，她也總是把顧客視為朋友，從童裝到育兒的點滴，都是她與顧客共同的有趣話題。

圖：以現貨為主的「Peanut 童裝」，提供多元的款式和充滿溫度的服務，擄獲不少消費者的心

客製化的驚喜福袋，為不擅穿搭的父母提供解方

　　不少人都有在網路購買福袋的經驗，但究竟買到的是「福袋」，還是「驚嚇」卻是見仁見智。Peanut 童裝也曾推出福袋，不少顧客收到後都大為驚喜，美妮笨會一一詢問消費者喜好的風格、尺寸，再客製化選品，為顧客將每件單品搭配出最合適的樣貌，讓收到福袋的顧客，都有種「命中紅心」之感。

　　美妮笨說：「我有點完美主義，以往我不太會在網路上買福袋，很怕買到不適合的東西，因此當我在規劃福袋時，我會花更多心思和時間，並運用我擅長穿搭的特質，根據顧客的喜好來幫孩子搭配，不少顧客收到後都告訴我，覺得福袋非常超值也實用，這讓我非常開心。」

　　許多父母喜歡和孩子一起穿上親子裝拍照，但不少親子裝常忽略大人的品味與特色，大人穿上親子裝後，反而看起來相當彆扭、不協調。美妮笨規劃親子裝商品時，更關注父母是否仍能保留自己的特色，與孩子站在一起時是協調並散發一家人的氣質。

考驗耐心與溝通技巧，商品攝影大不易

　　創業前，美妮笨就有相當豐富的自媒體經驗，她格外重視商品攝影品質，目前 Peanut 童裝的主要模特兒就是兩歲左右的小花生，然而，眾所周知，攝影師最害怕的「生物」就是難以控制的小小孩。為了拍出良好的商品照片，她確實也煞費苦心：「我希望產品照片能讓消費者看到，小孩穿上這些服裝後，出去玩時會呈現的樣貌，因此我相當堅持所有的照片都是在戶外拍攝，好讓消費者能更好地想像孩子穿上去的樣子。」

　　在戶外穿脫多套服裝並拍攝照片，對於兩歲多的小花生而言並不容易，有時到了戶外，他只想玩耍，不願意再繼續拍攝。為此美妮笨花了不少心思和孩子溝通，並且訂下原則，每次拍攝時不超過三套服裝，讓小朋友不會因而失去耐心，也失去全家人一同出遊、享受生活的意義。

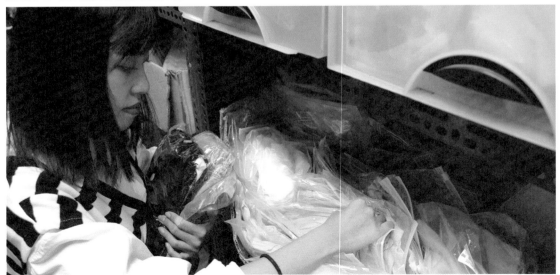

圖：擅長穿搭的美妮笨擁有精準的選品眼光，讓看似平凡的童裝單品都能搭出個性與特色

圖：小花生是
Peanut 童裝的首
席模特兒，拍照
時可愛的模樣，
總讓路人頻頻駐
足稱讚

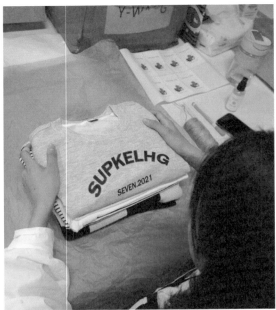

圖：美妮笨認為在忙碌的育兒和創業生活中，保有熱情是創業
者能否持續的重要原因之一

育兒創業兩頭燒，創業成功的關鍵是「熱情」

2022 年美妮笨歡喜迎來第二個男寶寶「小培根」，也讓本已緊湊的創業生活變得更加忙碌，為了兼顧孩子的成長，她堅持要和丈夫親自照看小孩，白天時，她主要陪伴孩子，其他工作項目，則會留至夜晚再完成。

育兒和工作瓜分掉美妮笨大部分的時間，目前她一天只有五個小時的睡眠時間，選品或發文等工作，常常只能分散在瑣碎的空檔處理。儘管生活變得更加忙碌，她仍舊樂在其中。「我真的非常喜歡現在的工作，即使很累，也會碰到很多困難，但我在工作時總是很開心，我想創業需要的就是熱情吧！」她說。

不少媽媽也曾嘗試透過網拍或電商，在家工作兼顧育兒生活，但在營運一段時間後卻不得不歇業。美妮笨建議，想運用網路創業的媽媽，在創業初期要先設定產品和服務的定位，並且有中長期的發展規劃，通盤思考後再創業，才能提升成功的可能性。她說：「創業本來就不是件簡單且短暫的事情，必須要有長遠的規劃，碰到任何問題也必須積極學習和詢問，才不會半途而廢。」

服裝對於孩子而言不只是必需品，父母和小孩一起挑選、搭配衣服或配件時，也能培養孩子的美感和自信心。Peanut 童裝從 2020 年創立至今，已陪伴不少孩子度過愉快的童年時光，未來美妮笨也希望透過不定期擺攤，了解顧客的需求與喜好，也讓更多人認識品牌，同時，她期許能讓 Peanut 童裝從虛擬走向實體，在北部開設店面、服務更多的消費者，也讓更多孩子「穿得可愛、穿得安心」。

品牌核心價值
每件童裝都承載著讓小朋友穿得開心且自信、愉快長大的期盼。

經營者語錄
創業必定會遇到很多困難，最重要的是堅持初衷，學習轉念，一步一步朝著目標前進。

給讀者的話
創業初期必定要先規劃好品牌的定位，碰到挑戰時，也要想方設法尋求解答。若問什麼是創業時最好的投資？那麼我會說：「一定要投資自己的腦袋。」

Peanut 童裝

Facebook：Peanut 童裝　　　　　產品服務：現貨童裝、親子裝、韓國小物

Instagram：@little.peanut_shop　　聯絡電話：0902-292027

Line: @580eurzm

康馨醫學
頭皮聯盟
Dr.Sitem
絲展健髮中心

圖：陳立縈執行長與其醫療團隊以專業、利人和創新，打造出最優質的頭皮養護品牌「康馨 Dr.Sitem 絲展健髮中心」

醫療級專業結合沙龍級享受的頭皮養護品牌

　　不同於過去，落髮不再是中老年人的專利，受到社會型態與生活環境變遷影響，現今越來越多年輕族群開始產生噩夢般的落髮問題。其根源則始於頭皮健康，而飲食、作息、壓力、不當洗染燙及遺傳等，都是造成相關問題的重要因素。深耕於嘉義市的康馨醫學頭皮聯盟—Dr.Sitem 絲展健髮中心，經由專業醫師團隊指導，採用獨家天然非侵入的育髮方式，結合頂級沙龍的舒適性，服務具有「頂上煩惱」的族群。全程一對一的服務方式，採用無痛並量身打造的客製化配方，過程令人感到放鬆、舒適、享受，不再像侵入式治療受疼痛之苦；全方位由內而外解決落髮根本問題，找回屬於客戶年輕歲月應有的自信與風采。

全台首創之醫療級健髮中心

　　由陳立縈執行長創辦之「康馨醫學頭皮聯盟」是由 Dr.Sitem 絲展健髮中心與相關聯盟診所組合成立的頭皮毛髮健康團隊，懷抱著關懷的心情，有感現今已開始有不少年輕族群正面臨著頭皮健康和落髮問題，她談到：「現在有許多八、九年級生，在他們最需要自信的年紀，因為飲食的精緻化、作息的不正常、生活壓力過大、不當洗染燙造成的化學傷害及遺傳等因素，已面臨到令人困擾的落髮問題；而面對新冠肺炎爆發及後疫情時代的來臨，更是出現不少因自體免疫問題，而導致落髮、『鬼剃頭』等現象。」

圖：康馨 Dr.Sitem 絲展健髮中心由專業醫療團隊指導，專為頭皮健康設立

　　陳立縈和其專業醫療團隊所經營的康馨 Dr.Sitem 絲展健髮中心，即是為了改善上述人們遇上的眾多困擾，有感於鮮少毛髮專業機構能全面性地解決問題，而與醫師共同成立的醫療級健髮中心。讓頂級沙龍賦予頭皮學理知識，康馨 Dr.Sitem 絲展健髮中心在台首創，這一切，都要回到台灣植髮機構尚不普及的年代。

　　在成立康馨 Dr.Sitem 絲展健髮中心之前，陳立縈在台灣生髮抗老化醫學會擔任頭皮毛髮委員會主任委員，而當時的台灣植髮技術尚不成熟，醫學會提供了國內醫師前往韓國當地學習植髮技術的管道，陳立縈即身負帶領台灣醫師團隊，前往國外進行技術交流這項重責大任，並在交流期間吸收到相當充足的知識和技術；後來，植髮慢慢地在台灣盛行，陳立縈隨即看見一般植髮診所未曾考量過的問題，也逐漸將這萌生出來的新興理念，轉而實踐成一個未來可廣泛造福想擁有健康頭皮和解決落髮問題等族群的遠大目標。

　　「頭皮就像土壤一樣，一定要肥沃植物才能長得好，傳統的植髮診所大多針對植髮服務，容易忽略根本的頭皮養護和術後維護，造成植髮後原來掉髮的地方仍舊持續掉髮，僅能反覆植髮不斷地做毛囊移植，永無止境地花費時間和金錢；對此，我們結合植髮診所並成立康馨醫學頭皮聯盟，設立 Dr.Sitem 絲展健髮中心，將不需要侵入性的療程或預算有限的落髮客人交給健髮中心；而病理性掉髮或需要植髮的客人則送到診所由醫師處理。透過互相結盟，全面性地考慮，讓前來尋求協助的客人在其中得到最完整專注且優質的照顧。」陳立縈表示。

經驗豐富的辨症檢測與客製化的頭皮養護

　　康馨 Dr.Sitem 絲展健髮中心遵循標準化的醫學頭皮管理流程，由頭皮管理諮詢師以專業的頭皮檢測儀器進行檢測，運用專業的頭皮毛髮知識和豐富的檢測經驗，辨識頭皮當前的狀況、整體掉髮狀態及產生的原因，並協助頭皮養護師針對問題調配適合的配方，以達最佳的健髮效果；而顧客亦能從專業的頭皮諮詢檢測，了解頭皮有無發炎、毛孔的狀態、皮脂的分泌量、落髮型態和程度，進一步從各種頭皮問題中獲得改善。

　　在台灣，50 歲以下的台灣人約有 50% 面臨脫髮問題，雄性禿患者則有年輕化的現象，而男女性脫髮的型態與程度更是有所不同，也造成落髮族群相當程度的內心壓抑與自卑感，陳立縈表示，預防勝於治療，在建設之前首先須減少破壞。

　　「透過無香精、色素、矽靈、防腐劑、化學的介面活性劑之天然頭皮專用的洗髮用品來清潔頭皮和頭髮，減少對頭皮毛髮的傷害，再進一步促進頭皮角質軟化更新，並以按摩頭皮使微細血管循環暢通，將養分順利送達毛囊，讓毛孔不堵塞，達到深層的潔淨並為客人重建一個良好的頭皮環境。我們將依照每位客人的頭皮狀況，客製化給予毛囊適當的營養素和育髮配方，以利頭髮生長；若有其它病理性因素導致掉髮，則會轉介至聯盟診所進行相關的治療，由專業醫師著手將疾病造成的病兆根除，再進行重建養護，頗有頭皮毛髮預防醫學的概念。」陳立縈說明。

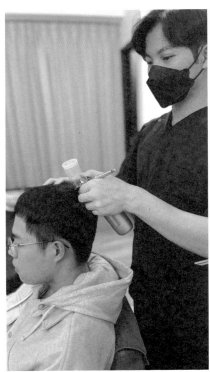
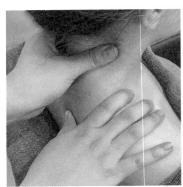

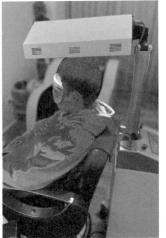

圖：康馨 Dr.Sitem 絲展健髮中心依照每位客人的頭皮狀況，客製化給予毛囊適當的營養素和育髮配方，為客人重建一個良好的頭皮環境

目前在台灣，除了康馨 Dr.Sitem 絲展健髮中心，將頭皮養護的概念和身體內部的病理醫學結合診所療程外，尚未有將診所和健髮中心相互結合之系統；康馨 Dr.Sitem 絲展健髮中心以同理心為出發、內與外同時考量多重因素，針對客人的頭皮和落髮情況用心改善，幫助眾多年齡介於 20 至 60 歲的男性與女性，在二至六個月期間，有效解決嚴重的落髮問題。此外，來到康馨 Dr.Sitem 絲展健髮中心的顧客，不僅能放慢步調、享受舒適的頭皮健康護理，更能在此將身心累積的壓力逐一釋放，植髮與不植髮，凡有頭皮困擾的朋友都能在此擁有最好的選擇，是康馨 Dr.Sitem 絲展健髮中心的最大優勢。

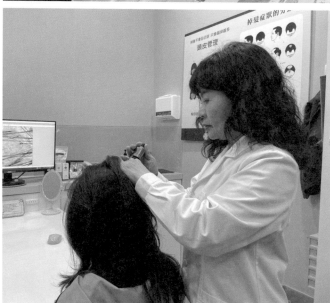

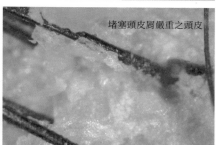

堵塞頭皮屑嚴重之頭皮

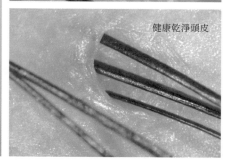

健康乾淨頭皮

圖：專業的頭皮管理諮詢師以先進的頭皮檢測儀器，檢測並分析頭皮的健康狀態

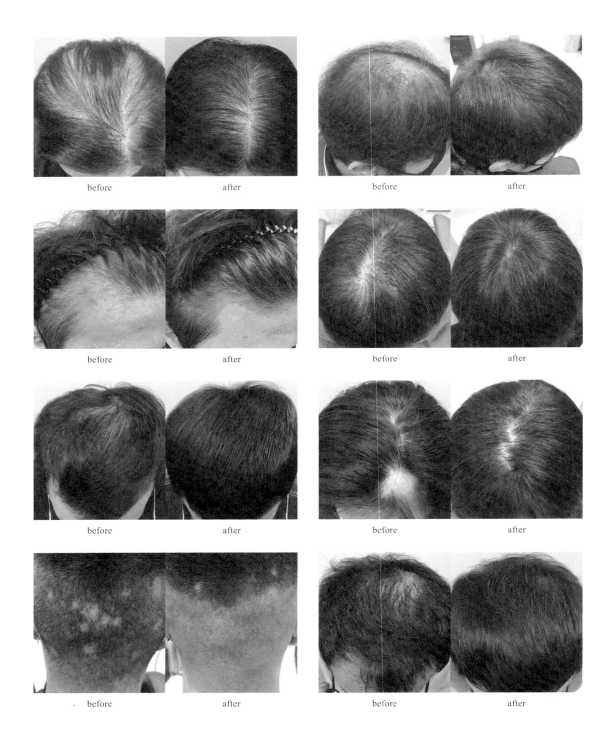

| before | after | before | after |

圖：康馨 Dr.Sitem 絲展健髮中心專業度高且臨床經驗豐富，成功為眾多的落髮族群找回
頭皮健康和生活自信

培訓頭皮管理人才，守護利人理念

　　雖然傳統的植髮診所對於植髮技術有所專精，但也因為其更加重視植髮後的成果，容易疏忽頭皮所需要的基礎養護以及術後維護；再以一般沙龍的頭皮養護服務來說，髮型師多半僅能夠針對洗頭、去角質、按摩的階段進行加強，在頭皮毛髮的專業學理知識層面則相對欠缺；陳立縈的願景，就是將兩者結合、達到互補的成果，並且將該理念在台灣普遍傳遞與實踐。

　　擁有一個願景十分簡單，真正要實踐起來卻非常困難。陳立縈在創業這條路上，便曾因彼此的專業領域、合作理念不相符等情況，而面臨了令所有創業人士都倍感頭疼的人資變動，甚至影響昔日所仰賴的主要客源。為尋求兼具共同理念和高專業度的頭皮管理人才，身為「台灣頭皮管理生植髮醫學會」頭皮管理主委，陳立縈設立「中華頭皮管理師教育培訓協會」，讓有意願精進自我專業能力的美髮設計師前來報名參加培訓、加強頭皮毛髮的專業知識，並成為能夠執行檢測、辨識症狀的「頭皮管理諮詢師」，以及協助所有健髮流程的「頭皮養護師」。

　　陳立縈更進一步表示，不論是諮詢師或是一位經營者，首要任務便是「利人」──透過主動詢問客戶的需求、預算，並依照其經濟考量和頭髮對於個人的重要性與影響性，提出既實際又能符合客戶需求的方案，才是真誠的表現。

　　她分享道：「許多店家提供免費檢測服務，主要是為推銷產品，但我的想法是，不要任何事都以利益為出發點，不去設想可以賺多少錢，更不可一味向客人推銷；因為，美好的話術跟有技巧的行銷起初或許吸引人，可是在這網路發達的時代，真實的聲音一定會隨著時間慢慢浮現；發自內心解決客人的問題和擔憂，擁護承擔社會責任的理念，才能長遠地經營下去。」陳立縈表達的不僅是個人的看法，更是身為一位執行長，帶領康馨醫學頭皮健髮中心堅毅不拔地走過每個逆境所展現出來的決心。

圖：中華頭皮管理師教育培訓協會提供學員專業而扎實的頭皮健康管理知識，為有心提升自我的學員塑造一條更寬廣的職涯道路

圖：擁有清新、整潔而舒適的環境，讓康馨 Dr.Sitem 絲展健髮中心的每位來客
皆感到安心和放鬆

堅持提升自我，才能走在創新的時代尖端

康馨 Dr.Sitem 絲展健髮中心深耕於嘉義，其品質及規模皆是有目共睹，在陳立縈的引領下，未來更要邁出嘉義，朝向其他城市耕耘發展，將醫療級健髮中心和頭皮管理人才培訓之理念，推廣至全台灣。陳立縈說：「目前除了嘉義總店，在高雄、新竹亦有服務據點及聯盟醫美診所，從皮膚、醫美、頭皮養護到植髮，照顧有頭皮毛髮困擾的客人。也希望未來能與有共同理念的合作對象一同經營，將康馨頭皮醫學聯盟和 Dr.Sitem 絲展健髮中心的內涵更為廣泛地拓展。」

除了精良的頭皮檢測儀器，康馨 Dr.Sitem 絲展健髮中心更引進腦波檢測儀器，陳立縈解釋，落髮的原因眾多，其中個人的負面情緒、心理狀態、失眠睡不著也都會對頭皮健康造成影響，經由讀取腦中的頻率資訊，了解客人的腦波狀態，進而以聲光音刺激的方式，進行腦波調頻，改善左右腦腦波不平衡所帶來的健康影響。

康馨 Dr.Sitem 絲展健髮中心之所以能夠走在不斷創新的時代尖端，這一切都與其經營者的心態息息相關。陳立縈表示，認真且積極地接觸、吸收最新知識，是身為一位經營者的義務，因為唯有如此，方能在知識不斷地升級，並採用不同的工具持續創新。「參加相關的醫學大會，聆聽、吸收最新的資訊，透過觀摩和考察，將最新的優良設備引入康馨 Dr.Sitem 絲展健髮中心。」這是陳立縈執行長對品牌進步所付出的努力與堅持，也是對信任品牌的顧客，發自內心由衷不變的行動和承諾。

品牌核心價值

在這網路發達的時代，真實的聲音一定會隨著時間而慢慢浮現；發自內心解決客人的問題和擔憂，擁護承擔社會責任的理念，是康馨 Dr.Sitem 絲展健髮中心的長久經營之道。

經營者語錄

無論做什麼，都要從心裡做，凡我們所做的都要憑愛心而做。

給讀者的話

認真且積極地接觸、吸收最新知識，是身為一位經營者的義務，因為唯有如此，方能在知識不斷地升級，並採用不同的工具持續創新。

康馨醫學頭皮聯盟—Dr.Sitem 絲展健髮中心

官方網站：http://www.doctorhair988.com/

Facebook：Dr.Sitem 絲展健髮中心 - 康馨醫學頭皮

嘉義總店：嘉義市西區長春一街 49 號

聯絡電話：05-2322297

新竹店：新竹縣竹北市文信路 373 號 2 樓

聯絡電話：03-6572530

高雄店：高雄市左營區文學路 25 號 (勻禾妍診所 4F)

聯絡電話：07-3431666

斯酷特騎士精品

圖：安全帽不只是一種必需品，對年輕人來說，更是展現自我的一種方式

旗艦精神營造質感品味兼具的消費體驗

　　不少人都有一個迷思，認為創業一定要選在人口密集的大都市，但「斯酷特騎士精品」老闆蕭少廣，卻不那麼認為，身為基隆囝仔的他，大學畢業後因緣際會來到屏東，從事精品工作，他發現屏東其實有著無窮潛力，先後投資自助洗車場、卡丁車和無塵室工程等事業。2020 年他看準因疫情帶來的「宅經濟」，外送需求增加，決定在當地開創少見的精品等級騎士用品，短短三年，他連續開設三間店，成為騎士口中強力推薦的熱門店家。

跳脫傳統安全帽店，打造精品氛圍

　　從事精品業多年的蕭少廣，將他多年累積的精品銷售經驗，運用於第一間店「歐兜邁騎士專賣店」，他打破一般販賣安全帽的方式，改在透明玻璃陳架上擺放商品，以明亮的空間規劃和順暢的購物動線，打造出與其他店家截然不同的氛圍。蕭少廣表示：「商品陳設和顧客動線其實隱藏不少技巧，能讓顧客看到商品時，是感到舒服且有『感覺』；透過精心規劃的陳列方式，能讓每頂有故事和設計理念的安全帽，透露出獨特的產品質感。」

　　安全帽不只具有功能性，更是一種承載流行文化的物品，許多年輕人在選購安全帽時，看中的不只是安全係數或做工細節，現今流行的動漫或是電影相關的安全帽更深深吸引他們的目光。蕭少廣發現，安全帽不只是一種必需品，對年輕人來說，更是展現自我的一種方式。不少人不只使用、甚至會收藏，因此安全帽有著不容小覷的潛力。

儘管蕭少廣對精品有著高敏銳度，但對於安全帽的流行趨勢，有時還是得仰賴年輕主管的眼光，曾經有一款柴犬系列的安全帽，從顏色到圖案，他都不看好，然而銷售成績卻讓他跌破了眼鏡，不少情侶都指定要購買可愛的柴犬安全帽，「我們三間店的主管都是八年級的年輕妹妹，她們相當了解年輕人的喜好與流行趨勢，因此在訂貨上，會授權讓她們處理，當然有時也會判斷失誤，但這沒關係，只要獲取經驗再從中調整就好了。」

　　目前店內販售商品除了安全帽，鏡片、藍牙耳機、行車記錄器、手套、袖套、頭套和雨衣等等也一應俱全，每一項商品蕭少廣都一一琢磨，希望產品的舒適性、功能性和流行性都能完全兼顧。

圖：明亮的環境和具有精品感的商品擺設，讓斯酷特騎士精品自開業以來就獲得不少青睞

以人為本，賦予顧客既舒心又深刻的消費體驗

　　除了精心規劃商品的選品與陳設，蕭少廣也導入精品銷售模式，讓顧客擁有更舒心的購物體驗；且每個月都會安排教育訓練，教導第一線銷售人員如何以「人」為出發點，給予顧客需要的建議。蕭少廣分享，其實從顧客尚未踏進店之前，店員的服務準備工作就已經開始了，店員會先觀察顧客的機車類型來推測他們的需求，並與顧客互動後再給予最佳建議。「在不同情境下，所需要的安全帽類型也會不同，店員需了解顧客是為了上班、約會或是跑外送而來購買，就能針對顧客的需求，給予最適合的建議。因此銷售人員除了需具備足夠的專業，也能透過『情境式銷售』讓顧客感覺到『你是真的在為他想』。」

　　除此之外，銷售人員絕佳的觀察能力，也是門市業績屢屢創下佳績的原因之一。蕭少廣認為，每個顧客走進店裡時，店員不一定要有「銷售」的行為，他們也能根據顧客穿戴的細節或是打扮，開啟話題與顧客談天。他說：「我過去也是從事第一線銷售，當顧客願意聊天時，代表他卸下心防，不是覺得店員只是為了賣東西。成交往往就在一瞬間，顧客是否願意購買，關鍵有時就在於店員多說了什麼，或是少說了什麼。」

ESG 回饋社會，創造良性循環

　　每年因車禍造成的致死人數約有三千人左右，不僅造成眾多家庭破碎，許多人的生命也產生巨大的改變，在致死人數中，機車騎士佔最大宗，這讓蕭少廣感受到，以安全帽做為創業的主題，有著相當大的意義。他說：「每個人都禁不起一次車禍的遺憾發生，因此販售安全帽讓我非常開心，想到每賣出一頂安全帽很有可能就阻止一次憾事，和減少一個家庭的破碎，既能賺錢又像是做功德，真的是一舉兩得。」

圖：在疫情嚴峻期間購買泡麵，分享給當地有需要的弱勢民眾

　　從基隆來到屏東打拼，蕭少廣不只忙於工作，他發現地方上其實有不少人需要幫助，因此在忙碌之餘，他也帶著員工一起做公益，無論是給予弱勢族群餐食、寒冬送暖、育幼院服務，都不遺餘力地協助，「在這個過程中，希望員工能體會到，我們真的很幸福，因此應該懷抱感恩的心為社會付出。」不僅如此，蕭少廣回憶自己剛到屏東時，由於沒有資源與人脈，凡事都要重新摸索，他在 2022 年接下「屏東縣創新創業協會」理事長一職，希望將自己的創業經驗和資源，分享給在地更多的年輕人，讓他們能少走一些冤枉路。「當初來到屏東，什麼都沒有，現在因在這片土地得到一些成果，希望能以此回饋社會，創造良善的循環。」蕭少廣表示。

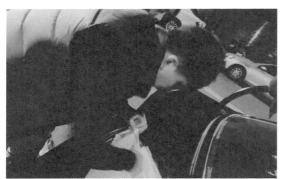

圖：蕭少廣帶領員工一起做公益

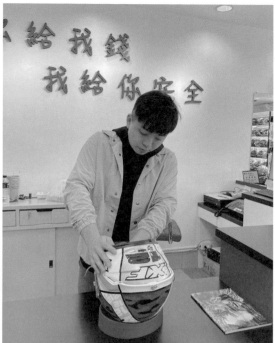

圖：有著精品銷售專業的蕭少廣，將精品業的 know-how 移植運用於創業中

圖：2020 年開始，蕭少廣在屏東連開了三間店，販賣騎士相關用品

避開一級戰區，返鄉創業無窮的可能性

不選擇在大都市創業，反而南漂到屏東，這個決定在創業圈或許相當少見。蕭少廣觀察到，在大都市有太多資金雄厚的創業者，他們做生意並非為了賺錢，更像是發展興趣，因此資金有限的創業者若想要在這樣的環境生存，是非常困難的。他鼓勵懷抱創業夢想的年輕人，能先在都市就業、累積經驗，等站穩腳步後，再返鄉創業或開店。「很多年輕人認為唯有在都市工作，才能賺錢，但其實除了金錢外，更寶貴的是有機會累積經驗，當你能在都市學習到不同的思維與經驗，等回鄉創業時，就有更大的機會，因為從店租、人事成本到競爭對手，與大都市相比，必定是更少的。」蕭少廣補充。

創業，對於蕭少廣而言，是一個難以描述的癮頭，有著相當迷人的魅力，「別創業，會上癮」，他鼓勵年輕人千萬不要自我設限，憑藉年輕與衝勁，想創業的話，絕對要嘗試。「有夢就去追吧！跌倒了就再爬起來，沒有人是不跌倒的，而且每一次跌倒都會成為未來的養分。」

圖：蕭少廣鼓勵年輕人千萬不要自我設限，憑藉年輕與衝勁，想創業的話，絕對要嘗試

品牌核心價值

以「人」為出發點，貼近顧客想法。

經營者語錄

每賣出一頂安全帽就有可能阻止憾事發生，這讓我充滿使命感。

給讀者的話

不是想好了才去做，而是邊做邊想的滾動式調整，可能成功或失敗，但開始就會有經驗，人生不是得到就是學到！

斯酷特騎士精品

店家地址：

《歐兜邁騎士專賣店》屏東市復興路 119 號

《是帽騎士專賣店》屏東市光復路 44 號

《斯酷特騎士精品》屏東市自由路 316 號

聯絡電話：

《歐兜邁騎士專賣店》08-7523228

《是帽騎士專賣店》08-7330624

《斯酷特騎士精品》08-7350008

Facebook：歐兜邁騎士專賣店、是帽中心騎士專賣店—Shrmau Center、Scooter 斯酷特騎士精品

Instagram：@autobike_helmet、@shrmau_helmet_center、@scooter_helmets

艾莉波波精品館

圖：艾莉波波精品館主理人——波波

百病從心起，買包治百病

　　精品包包或配件可謂是女人夢寐以求的逸品，或許是獎勵達成工作目標，也或許是慶祝生命的重要時刻，精品不只實用，更具有非凡的生命意義。「艾莉波波精品館」主理人波波，從 2013 年起，跑遍歐洲和美國代購精品，她銷售無數的精品與服飾，也見證顧客因精品使人生變得更加美好的事例，讓她不禁總結出「買包治百病」的結論。

現貨不只是天堂，療癒人心更是關鍵

　　從小耳濡目染看著父親從事服飾相關工作的波波，對於色彩學、服飾配件特別感興趣，2011年，部落格與社群媒體正興起時，她開始在網路上分享穿搭圖文，累積一群忠實的讀者；2013年結婚生子後，波波認為女人要有底氣，絕對要經濟獨立才能活得高級。正因如此，她想同時兼顧工作與育兒，便離開竹科工作，以電商作為創業平台，希望能將對穿搭和精品的熱情與更多人分享。

　　大學時期，波波和丈夫是經營社團的好夥伴，兩人的絕佳默契成了創業時的一項利器，創業初期，波波憑藉精準的眼光選品採購，夫妻倆分工合作，漸漸地將銷售方式從文案介紹轉向直播現貨，讓粉絲能在數天內順利拿到心心念念的夢幻逸品，波波笑說：「這就是我們常說的，現貨是天堂啊！」

　　對於粉絲而言，艾莉波波直播間不單是購物平台，更是一個能療癒人心、讓人在忙碌生活中，短暫放鬆心情的天堂。直播時，波波就像是國民媳婦般和粉絲們閒話家常，從婆媳關係、婚姻趣事

到育兒妙招，每個話題都能聊得興味盎然，尤其是和丈夫兩人以家庭與事業共好為目標，打破傳統「男主外，女主內」的框架，共同為家庭齊心努力的經驗分享，也為粉絲帶來獨到的觀點。不少粉絲在直播時間一到，便會上線和波波互動，無論是 30 歲或 70 歲的粉絲，都能在其中找到共鳴。

　　每週星期一至五的晚上，舉凡歐洲精品、美妝保養、日韓選物、生活居家商品、品牌女裝等，艾莉波波直播間都可以找得到，宛如熱鬧非凡的線上百貨；除了精品，服飾更是粉絲準時在直播間報到的重點。近幾年快時尚興起，不少人都曾跟隨購買服飾，但常常穿了一兩季就發現衣服退流行了，波波表示：「艾莉波波的服飾無論自創品牌或選物，以經典、耐看和優雅為主，即使穿個五年都不退流行，另外，我們也相當重視服裝的版型，多數服飾也都是 Free size，希望無論什麼身形，都能不被侷限地穿出專屬自己的特色與味道。」

　　現代人生活的節奏越來越快，壓力帶給生活的焦慮感，讓許多人更重視居家生活儀式感，為了回應消費者的需求，除了「ARIBOBO」旗下的居家香氛系列之外，更在 2022 年推出品牌「ARIGOOLU」，主要商品囊括專業髮品、臉部護理及身體沐浴保養等，每一項商品都以家人為出發點，考量到長輩及孩子們，皆以天然成分萃取而成，即使是敏弱及問題肌膚者也能安心使用。波波說：「家是一個讓人最放鬆的地方，尤其忙了一整天後的洗澡時間更能帶走全身的疲勞，同時敷上眾多粉絲皆有感的亮白淡斑面膜，希望能讓大家從頭到腳都好好放鬆，享受 Me Time。」

　　若問艾莉波波推出的眾多居家用品中，哪一個品項最具療癒感？相信許多粉絲都會大推「香氛蠟燭」，從皮革牡丹、英式伯爵再到烏木玫瑰，每一款香氛都是艾莉波波獨家調香。香味是精髓，但內料的成分波波同樣重視，每顆蠟燭皆使用安全無毒的大豆蠟調製，氣味獨特迷人、使用安心無虞，療癒之際點燃香氛，讓空間盈滿幸福香氣，搭配「ARIGOOLU」保養品，平凡的家庭生活瞬間變得幸福無比。

圖：每一項商品都以家人為出發點，皆以天然成分萃取而成，即使是敏弱及問題肌膚者也能安心使用

圖：ARIBOBO 的獨家香氛系列商品，溫潤而脫俗

圖：身為母親的波波開發產品時，對產品成分嚴肅把關，守護每個消費者的健康

凝聚社群，別具溫度的遠距互動

近年來不少粉專都紛紛抱怨，由於變化多端的演算法，貼文的觸擊率與互動率一再跌到谷底，品牌只好投注更多廣告預算以求留下粉絲。但令人驚訝的是，艾莉波波的粉絲黏著度，不曾受大環境與社群媒體政策影響，貼文與直播互動仍舊相當熱絡。波波認為，與其將資金投注在社群媒體廣告，不如花更多心思與粉絲建立起真誠的關係，粉絲的自主分享與口碑傳播，比起廣告更有效益。直播節目中話題毫不設限，搭配靈活的肢體語言，時而感性落淚、時而誇張大笑，直播的熱度不停地往上竄，讓每個人都能身在其中，為彼此的生活增添色彩。

除此之外，一般電商令人詬病缺乏「人味」的問題，艾莉波波在客服端也積極地克服，多數的客服都以文字回覆顧客訊息，但艾莉波波卻認為，文字的溝通較缺乏溫度也容易造成誤會，因此客服在處理顧客問題時，會先詢問顧客是否方便以電話聯繫，或以語音訊息對話，此種方式大大解決年長的顧客群因不熟悉手機操作而產生的問題，也加深顧客對品牌的好感度。

購物，這個看似日常的行為，對於波波而言有著更深的含意，她說：「我認為每個女生都應該要善待自己，「艾」你所選、選你所「艾」，是照顧自己的溫暖與堅持，不用想公婆會怎麼看待、老公會不會責怪，因為不管怎樣的妳，都很好，久而久之，你也會更捨得對自己好，能更好，就不將就。」

過去曾有個顧客長期悶悶不樂，當心情跌到谷底時，她終於買下長久以來都想要的包包，宛如被注入一劑正面能量，心情也因此翻轉。「買你喜歡的、吃你喜歡的，透過這些行為，你會漸漸轉換心情，也不會將負面情緒帶給周遭的人，這就是我一直說的買包治百病！」

圖：ARIGOOLU 粉絲最愛的面膜及用過回不去的髮品系列

女力崛起，女性創業不容小覷

　　波波同時是三個孩子的母親，在忙碌的創業過程中，兼顧家庭仍是一大重要目標，儘管週末是電商產業最精華的時段，但艾莉波波仍舊在週末公休。她認為努力工作賺錢，並非只是為了提升外在物質層面，而是因為「愛」不能言而無行，需要穩定的經濟來付諸愛的行動，但與此同時，也不能因為工作而忽略週末重要的家庭時光，這也是波波常和團隊傳達的觀念。

　　對於團隊，波波認為溝通必須要有信任作為基石，正因為完全地信任，艾莉波波團隊都能發揮自己的長處優勢，和夥伴們合作無間，讓團隊好上加好。波波說：「一個人可以走很快，但一群人才走得遠，團隊合作的美妙之處，就在於總是有人站在你身邊。」在艾莉波波，溝通是最重要的，大家都很勇於表達自己的想法；共好，是每個人的目標。

　　艾莉波波的粉絲以女性為主，成功創業的波波也為新世代想兼顧家庭與職業的女性樹立正面的典範，她鼓勵想創業的女性，在女力崛起的世代，女性絕對能成為家庭的支柱，電商產業能給予女性時間和空間彈性，安排自己每日的工作和育兒行程。波波表示，每個女性步入婚姻、生兒育女，都是生命中重大的轉變，身為職業婦女，很容易上班時掛念小孩，下班到家後，卻精疲力盡難以全心全意陪伴孩子。因為如此，當初生小孩後，她決定嘗試以電商創業，更能好好地安排自己的家庭和工作。

　　同時，她也提醒有心創業的女性，創業時需審慎評估資金，若初期資金不充裕，建議先以單價較低的商品，如飾品或配件起步。詢問波波若是資金不足，會建議以貸款的方式或是找人合資創業

圖：波波相信在女力崛起的時代每個女性都能成為家庭支柱

嗎？她果斷地表示，最好不要貸款，創業應該要量力而為，即使金額不充裕也能以較小的規模開始。另外，若想要合資創業則建議尋找不同專業的夥伴，截長補短，發揮彼此的優勢。

時代變遷，消費者出門購物的機會大減，也造成數位零售通路的成長，儘管數據、業績、轉換率對於電商產業相當重要，但創業至今，波波對於數據和業績都保持著淡定的態度。她說：「我會調整腳步，不管昨天業績是好是壞，對我而言都是過眼雲煙，每天我都會歸零自己，早晨起床就是全新的一天，或許是因為這種心態，創業以來，我都不太會被外在的人事物影響心情。」

艾莉波波每年定期規劃公益二手拍賣，主要協助弱勢的婦女與兒童，希望為更多粉絲帶來正面的影響力，至於粉絲敲碗許久的實體網聚，團隊目前正在規劃中，再請粉絲們耐心稍待。艾莉波波即將邁向第十個年頭，未來將開發更多護膚保養和生活居家商品來療癒大家，期待能將品牌特有的陽光正向、可愛幽默精神，帶給廣大的粉絲。

圖：ARIBOBO 皮革清潔保養液

品牌核心價值
質感，質感的商品；溫暖，溫暖的服務；療癒，療癒的笑容。

經營者語錄
想是問題、做是答案；輸在猶豫、贏在行動。

給讀者的話
創業是具有風險的投資，創業者若能遵循量力而為的原則，就能穩健踏實地開展事業版圖。

艾莉波波精品館
公司地址：新北市中和區中山路二段 332 巷 25 號 1 樓
聯絡電話：02-22435196
產品服務：美妝保養、歐美精品、日本選物、居家商品、品牌女裝

Facebook：Aribobo x 艾莉波波精品館 x
Instagram：aribobotw

Love
Confession
裱白

圖：Love Confession 裱白之創作者兼經營者 Lynn，以優雅而唯美的視覺概念，持續
創作出能夠擄獲人心和味蕾的藝術品蛋糕

用唯美擄獲味蕾的藝術品蛋糕

　　細細品味生活，會發現有許多值得紀念的心動時刻，例如：生日、婚禮，而在這樣特別的紀念日裡，若能擁有一個屬於自己人生故事的獨特驚喜，那將會是多麼美好的回憶。Love Confession 裱白，以優雅而唯美的視覺概念，創作出能擄獲人心和味蕾的藝術品蛋糕；既是蛋糕，更是藝術品，背後藏著的，是創作者細膩的巧思與豐富的生命體驗，讓一朵朵可以吃的花蛋糕，在人們的面前活力綻放。

在疫情下甜蜜重生

　　「裱白」，一個令人印象深刻又動聽的名字，是其創作者兼經營者 Lynn 對於品牌的理解及期許——將心意裱框，成為一個能送人、表達自己情感的作品。在 Lynn 的世界裡，能框住自己心意的媒介，就是她持續用心創作出來的「藝術品」，同時，它也是在重要日子裡，可以作為送人用途的「驚喜蛋糕」；以優雅而唯美的視覺概念，所創作出來能夠擄獲人心和味蕾的藝術品蛋糕，是 Lynn 送給自己，和所有顧客最溫暖又甜美的「裱白」。

　　回顧創業，這一切其實源自於那蔓延全世界，打亂每個人生活節奏的新冠疫情。在創立 Love Confession 裱白以前，Lynn 努力經營著自己的美國代購生意，然而，2020 年那年，地球迎來了一場世紀之疫，雖然當時台灣尚未受到太嚴重的影響，但是從美國等疫情嚴重地區帶回來的商品，基於對病毒的恐慌，根本無人問津，於是，一場疫情便狠狠地中斷了 Lynn 的工作及收入。

圖：簡約而淡雅的工作室，為 Lynn 帶來源源不絕的創作靈感與歸屬感

　　但是，Lynn 沒有因此而陷入困境，在疫情瀰漫的日子裡，她對生活的變化也有一番體悟，她說道：「或許疫情令人崩潰，像是被關起來一樣，但也因此有了更多與自己相處的機會，能夠多認識自己是好事，才會更懂得自己想要什麼。我想，一切都是最好的安排。」在如此的因緣際會之下，Lynn 拾起了自己原本的另一個興趣：製作甜點和蛋糕。

　　過去因爲對製作甜點和蛋糕有興趣，Lynn 經常利用出國的時間向日本、韓國老師學習，並且將自己所做的蛋糕作品放到社群媒體上，陸續都有喜愛其作品的網友詢問，而在疫情的打擊之下，讓 Lynn 正式思考起發展這項事業的可能性，便開始嘗試接甜點、蛋糕的訂單。Lynn 的生活，也因爲 Love Confession 裱白的出現，在疫情下甜蜜重生。

走過挫敗，正面迎接「玻璃心」

不過，任何創業都會面臨各種大大小小的困難，Lynn 創立 Love Confession 裱白時也不例外。Lynn 表示，由於一開始較為缺乏藝術家創作作品時，所需要的那份自信，因此，在每個甜點和蛋糕的製作過程裡，便會不由自主地帶著緊繃的心態，相對地，也讓製作出來的成品無法達到最優秀的發揮；她曾因此沮喪數個月，後來經由家人、朋友的支持與鼓勵，Lynn 選擇重新出發，透過認真地調整製作方法及規劃訂單流程，Love Confession 裱白漸漸地有了起色。「有一天，或許你會發現，最感動的不是你完成了，而是你終於鼓起勇氣開始。」Lynn 說。

若把創作視為一場看不盡的旅程，那麼，Lynn 在創作藝術蛋糕的這趟旅行中，曾瞥見過最精彩的風景即是「玻璃心」，Lynn 說：「2021 年底時，歌手黃志明和陳芳語推出了一首歌曲，叫做《玻璃心》，當時就有粉絲向我訂蛋糕，客製一個『玻璃心』蛋糕要送給兩位歌手，沒想到意外地上了新聞，很幸運地，我的作品因此被更多人看見。」在歌曲中，歌手以俏皮和甜美帶點諷刺地，大膽唱出許多人的心聲，而在 Lynn 的作品上，諷刺則化作直插切入香甜蛋糕的香檳杯，完美詮釋了「玻璃心」的概念。

「以奶油取代豆沙，進而延長可品味的時間。」Lynn 不僅以創作藝術品般的講究製作蛋糕，食材品質與風味變化亦是她所嚴謹看待的，目前 Love Confession 裱白已推出多種造型蛋糕，主要分為：花園、球形和多層婚禮蛋糕，未來更要開發大理石雪糕，增添商品多樣性以及品牌趣味性。

 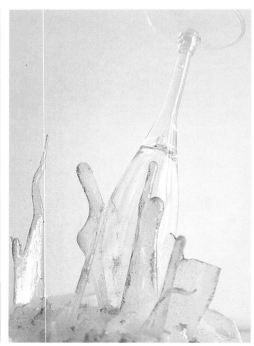

圖：曾經佔據新聞版面的「玻璃心」蛋糕，藏有 Lynn 獨特的美感與細膩的巧思

圖：Lynn 創作出無數可以美味入口的「藝術品」，其品牌「Love Confession 裱白」深受顧客的喜愛

圖：生命的豐盛在於分享，Lynn 製作出唯美又可口的蛋糕，也把這份美好透過蛋糕教學，
傳遞給任何想「裱白」的人

堅持自己所愛，創作可以吃的驚喜

走過疫情且堅持至今，Lynn 經營 Love Confession 裱白的最大動力，其實就是做著自己喜歡的事情，並享受它所帶來的成就感，她說：「我喜歡做自己也會愛上的蛋糕，並希望收到蛋糕的人，能有一種收到藝術品的感覺，更期待他們在發現全部的裝飾都可以吃時，所展露出來的那份驚喜感。」

創作與品味之間有一條細長而看不見的線，Lynn 將它稱之為「緣分」，在社群媒體上，Lynn 也以文字寫下了關於這段緣分的點點滴滴。對她來說，自己就像一朵冒險中的蒲公英，遇見不一樣的機會、合作和互動，並激盪出不一樣的火花；而客人、活動和產品，也如同引領蒲公英前進的那陣風般，帶領著她閱覽萬千風景；她更期許自己，未來能將自己所愛之事物，以更多元的活動和產品形式，把這份美好帶入大家的生活裡。

除了甜點和蛋糕的販售，Love Confession 裱白也提供熱愛蛋糕的人士學習製作蛋糕的機會，藉由一對一或一對二的方式，一步步學習，製作出屬於自己的唯美蛋糕，並把這份心意「裱白」給所愛之人。「在喜歡的狀態裡生活，有著自己的節奏，保持各種感知快樂的能力，找到內心的愛與自由。」Lynn 說。未來 Lynn 更計畫推出宅配大理石雪糕，並規劃相關的周邊商品，把 Love Confession 裱白的理念推向每個人的心裡和味蕾中。

生命不可浪費，願每個人都能將自己所愛，傾注於轉瞬即逝的時光中，流淌成一場以回憶為起點，奔向永恆的藝術創作。這是 Love Confession 裱白正在傾訴給每位客人的真誠告白。

給讀者的話

社交網絡發達，各種新興自媒體締造了許多線下實物和服務，都更普及地融入每一個人的生活裡；Love Confession 裱白是透過手作蛋糕，串連起人們情感延續方式的社交媒介，透過蛋糕表白來傳達情感和關懷，重新引領人們走向情感交流的道路。透過「裱白」的初心，希望能將甜點美食和美好情感的結合，讓人們重新感受到愛和關懷的溫度與力量。

經營者語錄

傳達幸福，自己也能從中感受到幸福。

品牌核心價值

Love Confession 裱白，源於最純粹想聊表自己心意的那一句告白。結合手作蛋糕與甜點的初心，期望透過以其獨特的味道和精美的外觀，讓人們不僅能夠品嚐到美食的樂趣，同時也能夠通過它來表達對親友、戀人或其他特別人物的關懷、感謝和愛意，是來自對食物的熱愛和對人們情感交流的深刻體會。在這樣一個快節奏、緊張、疏離的現代社會中，Love Confession 裱白深深相信，對於生活上的細節給予儀式感，是我們日常之中不可或缺的一環，並以手工蛋糕的方式，作為延展這一份念頭、揭開打造自我品牌的序幕。

Love Confession 裱白

Facebook：_loveconfession_

Instagram：@ _loveconfession_

FUN YOGA STUDIO 綻放瑜伽工作室

圖：瑜伽的目標從來不是為了抵達終點，而是享受練習和進步的過程

快樂享受瑜伽，感受身心齊綻放

　　談到瑜伽，是否會想起印度瑜伽士洗滌身與心的修行，往往甚至伴隨著苦行？不全然是如此。位於台中的綻放瑜伽工作室 FUN YOGA，即以正向、快樂和舒心為前提，結合運動醫學理論與循序漸進的課程步調，享受練習瑜伽的過程，並自在潛入瑜伽的奧妙世界裡，宛如花朵舒展開一般，在身心的平衡之中，感受自我綻放的愉悅。

結合運動醫學專業的現代瑜伽

　　坐落在台中市，目前共有六位老師的綻放瑜伽工作室 FUN YOGA，是由團隊中的 Nana 和 Zoe 老師於 2018 年所成立；兩位瑜伽老師都是中國醫藥大學運動醫學系校友，也曾是運動治療師，而現在她們正以自己所嚮往的方式，在運動醫學專業背景之下，由淺入深地引導學生練習瑜伽。

　　「當初成立瑜伽教室時，我們兩人都有一個共識，希望走入這間教室的學生，能夠漸漸地從生活的紛雜中抽離，遠離日常大部分的負面影響，透過教室簡單、乾淨和正向的氛圍，讓大家能快樂而舒心地享受在瑜伽練習的過程裡，才會有了『FUN YOGA』玩樂瑜伽這樣的概念，而中文『綻放』也是取自 FUN，有種如花朵舒展而開的感覺。」Nana 說明。不採用印度苦行僧的瑜伽修行方式，因為 Nana 和 Zoe 都知曉，唯有快樂學習，並慢慢地從練習過程中進步，才會讓人對瑜伽「上癮」，也才有與之摩擦出熾熱火花的可能性。

圖：在綻放瑜伽工作室 FUN YOGA，除了專業的瑜伽練習，亦可享受到獨一無二的平靜和放鬆

　　以傳統瑜伽為根基，FUN YOGA 進階結合運動醫學專業知識，從生物力學結構、運動生理學、動作模組的現代醫學方式，將肌肉的使用方式及運動傷害預防，搭配瑜伽的實作練習，循序漸進地教授給學生。Nana 表示，「有些動作硬做一定會受傷，我們運用專業知識，幫助學生避免這些傷害，並適度且愉悅地練習瑜伽。」現代人生活繁忙，多少累積出所謂的「文明病」，練習瑜伽可促進身體穩定、心靈平靜，再緩緩地潛入傳統瑜伽高深奧妙的領域，在呼吸與冥想之間，看見人生的本質和意義。

圖：成為綻放瑜伽工作室 FUN YOGA 的瑜伽老師，專業度、熱忱與傾聽能力皆是必備特質

平衡是克服萬難的過程，而非終點

起源自五千年前的印度，瑜伽本有「合一」與「契合」之意；當時的修行者為尋求宇宙真理和身心開悟，紛紛到能量至高的自然環境中冥想靜坐，瑜伽即是在此過程中應運而生的一種養生、保健之道。「瑜伽的目標從來不是為了抵達終點，而是享受練習和進步的過程。」Nana 一語道出瑜伽的前世今生，也說明練習瑜伽所追求的本質，不是為了抵達終點，而是看遍旅途上的風景。

現代人的生活有來自四面八方的煩惱及阻礙，藉由瑜伽練習，可訓練身體和情緒回歸到應有的平靜，在日常中解決各式問題時，能以自在而淡然的態度化解一切困難。Nana 分享：「以倒立這個項目來說，我們要達到的是在完成倒立這個動作前，體會嘗試、克服問題和恐懼的過程，而非一味地追求倒立這個成果。」Nana 將瑜伽練習中逐步克服萬難的經驗，比擬成決策樹狀圖，在無數的摸索、引導裡，使自身在每一個轉折點有所蛻變。

目前 FUN YOGA 採全預約制，有「一對一私人課程」和「十二人團體班」，在專業瑜伽老師的教學下，將流動瑜伽、哈達瑜伽，由入門、基礎一步步走入進階課程，課程分類簡單有力，沒有神秘只為吸引人的噱頭，經由不同老師的詮釋，幫助學生達成身心上的平衡，成為日常生活中一個最舒適的存在。「我們會根據學生本身的個性和工作性質，推薦他們合適的課程方法，看他們適合的是流動還是哈達，先有再求好，進而去喜歡和感受，是最理想的瑜伽學習方式。」

保持熱忱的祕訣：看見理想與找回初衷

　　創業宛如一趟充滿未知的旅程，回顧這一路走來，Nana 認為創業路上最重要的事物便是「熱忱」；早在她與 Zoe 萌生創業念頭之時，該想法已完全地體現其中。Nana 回憶道：「那時候，我們想找一個兩個人都喜歡的地方待著，自由而喜悅地專注練習瑜伽，然後把累積出來的正向能量帶給我們的學生。」白色粉刷的牆面，沒有複雜的裝潢更不掛上時鐘，在 FUN YOGA 教室裡，一切從簡，只有平鋪在地板上的深灰色瑜伽墊，和適合每位瑜伽練習者達到身心放鬆與沉澱，最後進入合一狀態的靜謐空間。

　　然而，熱忱必會隨著時間和面臨的困難逐漸消退；Nana 表示，從創業的想法萌芽，到規劃、投入的過程裡，有太多過去學校未曾教授，只能自己邊走邊摸索的知識與實務。「創業的人一開始會滿懷夢想，然後就遇上了營業登記、稅務、行銷等諸如此類的問題，以前輩的經驗為借鏡，參考、學習，在付諸實踐時努力跟市場接軌是非常重要的，我跟 Zoe 當時就是花時間、金錢去各個健身房訓練和體驗，才找出自己的經營目標與方式。」Nana 表示。至於保持熱忱的秘訣，Nana 對此也表示了獨到的見解：「一定要知道自己為何而做，釐清初衷及本質，有故事才能說服自己和他人，也才會有可行的後續規劃，以及不至於迷失的下一步。預見理想生活的模樣，才能找回富有熱忱的自己。」

圖：在 FUN YOGA 教室裡，一切從簡，只有平鋪在地板上的深灰色瑜伽墊，和適合每位瑜伽練習者達到身心放鬆與沉澱，最後進入合一狀態的靜謐空間

圖：每個人都是獨立的個體，成立綻放瑜伽工作室 FUN YOGA，亦是 Nana 和 Zoe 對自我的期許，將自身的狀態練習好，進而把喜歡的事物分享給其他人，真誠地用瑜伽和世界交流

給讀者的話

運動產業在台灣市場算是好入門，但要長久經營不容易，因為台灣民眾對於運動科學的知識水平相當高。以瑜珈工作室來說，需要先找到市場區隔，才易於在一開始建立受眾。成本也會是長久經營的考量之一，瑜珈墊、瑜珈磚、伸展帶等用品，木地板、鏡子、空調都是基本的需求，其次比較進階的考量則是香氛、精油等，如果想要有更舒服的感官，裝潢便是不可少的，因此，先確認想提供的課程與受眾，回推需求就可以省去不少額外的成本。

品牌核心價值

綻放瑜伽工作室秉持著在學習中感到快樂，學會聆聽自己心裡的聲音之理念，期勉老師和學生。
"Do good, eat good and then be good, this is yoga , that's yoga."

經營者語錄

當自己在過程中提出無數問題的時候，其實我們的內心已經知道該怎麼做了，找出問題、解決它並且學會承擔後果，我們真正的老師就在自己的心中。

FUN YOGA STUDIO 綻放瑜伽工作室

工作室地址：台中市北區育德路 170 號 2 樓
聯絡電話：0909-131501
Facebook：綻放瑜伽工作室 FUN YOGA

夏洛特國際美甲

圖：夏洛特國際美甲，以優質的技術、美感、品質與服務，擄獲顧客的心

質感美甲設計，陪伴共享美好人生

　　愛美是人類的天性，從古代尊貴的貴族到現代獨特的個體，人們無不愛護自己的肌膚、秀髮和指甲；近年來，不論是手足保養還是指甲彩繪，定期走進美甲店，已成為現今社會愛美人士的例行公事。夏洛特國際美甲，多年來穩定立足於苗栗竹南，以優質的技術、美感、品質與服務，擄獲顧客的心；彩繪指甲的同時，也陪伴客人共享美好而多彩的人生。

技術、美感、細膩與專注

　　位於苗栗竹南的夏洛特國際美甲，其名靈感來自出生於 2015 年的英國王室成員「威爾斯的夏綠蒂公主殿下」（HRH Princess Charlotte of Wales），此名深受創辦人 Dorothy 的喜愛，以此命名除了開店的時間接近，也藏有她對品牌日漸成熟、優雅的期待。

　　許多創業的契機都源自於生活中，Dorothy 的創業故事也不例外，她表示：「大學時期，因緣際會下，我曾經去美甲店消費，而後就在心裡埋下一顆種子，希望以後能成為幫助大家變美的美甲師。」由於看見了自己心目中理想生活的樣貌，Dorothy 嚮往成為一位引領人們變美的美甲師，經過半年扎實且完整的美甲課程修習及一年半豐富而辛勤的實務訓練後，Dorothy 成立自己的美甲品牌，經營至今已有七年，如同夏綠蒂小公主，持續茁壯成長。

　　「身為美甲師，外表看似光鮮亮麗，其實背後都是辛苦的汗水、感人的淚水、無數煩惱組成

圖：簡約而富有巧思的店面環境，夏洛特國際美甲帶給顧客一股清新、放鬆的感覺

的夜晚，以及讓人好氣又好笑的日常所累積而成。」Dorothy 一語道出從事美甲行業、經營美甲品牌的辛勞，平時每日的工作時長長達十小時，背負在每一位美甲師身上的，是顧客看不見的腰痠背痛和逐日加深的近視度數。然而，任何辛苦都阻擋不了 Dorothy 對美甲的熱衷與信念，在她心中，那是個由技術專業、獨特美感、細膩心思與高度專注所交織而成的職業，每個面向也都會迎來各自需要解決的問題。例如：Dorothy 認為，技術行業最容易遇到的即是人才養成不易，那是個培訓人才、人才流失的循環，經營者必須堅韌地面對，尋求最完善的培訓方針和員工後續職涯輔導。

此外，除了技術層面，美甲師更像一位有創造力的工畫師，須在指甲大小的範圍上作畫與設計，挑戰的除了身心耐力、眼力，也考驗著美甲師對消費者從職業、個性、品味、用手習慣的瞭解，進而創造出獨一無二的客製化圖案及甲型，因此，在生活中對時尚有所涉略、培養設計的美感，勤加磨練美甲技術，並且抱有一顆熱誠、不怕挫折的心，專注又耐心地為客人服務，才能成為一位優秀的美甲師。

圖：秉持對美甲專業的熱忱和堅持，Dorothy 希望客人能夠帶著美麗的指甲造型和心情回家

由內至外，用心呵護顧客手足

夏洛特國際美甲店內目前提供的服務多元，主要包含：手足基礎保養、崁甲矯正、凝膠指甲、熱蠟除毛、睫毛管理以及玻纖指甲，每一個項目都有 Dorothy 對美甲專業的獨到堅持，期待透過好的服務，讓客人帶著健康、美麗的指甲與手足回家，愉悅地迎接生活中的大小事。

以手足基礎保養來說，針對的是指頭周圍甘皮和硬繭的修剪處理，Dorothy 也提醒，每三個星期定期保養手足，才能改善老化甘皮生長過長的問題及指甲肉刺引起的發炎狀況；進階版的深層保養，除基礎保養外，更會透過精油搭配專業的經絡按摩手法，達到肌肉放鬆的效果，並針對各種膚質，幫助顧客挑選適合的課程，讓整體手足保養昇華至另一個層次。

而夏洛特國際美甲整個品牌的主角凝膠指甲，則是目前市場上的主流，Dorothy 運用技術、美感與細膩度，為客人打造出獨一無二的圖案和甲型。「不管是素色，還是有圖案的造型，都深受顧客的喜愛。」Dorothy 表示。此外，除了服務顧客，夏洛特國際美甲亦針對想培育第二專長、有創業理想、嚮往斜槓人生，亦或是想重新學習技術，與嘗試不同老師風格作品之學員，提供高度專業的美甲課程教學，藉由扎實且循序漸進的教育，幫助學生累積美甲技術和工作實務的經驗值，未來更有望加入店內團隊或申請加盟。

優質經營三要素：品質、服務、誠信

　　放眼全台灣，美甲店多不勝數，簡單地從價格、作品、款式、使用產品，便能初步將其分類，有別於一般市場的削價競爭，Dorothy 對於經營型式特別講究，「品質、服務、誠信」三大要素，是夏洛特國際美甲的中心理念。

　　品質：在夏洛特國際美甲服務的每一位美甲師，都需精進自身的技術，通過考核後才能開始服務顧客，團隊也會定期舉辦課程訓練，來提升每位美甲師的專業技術；Dorothy 提到，店內所使用的產品，都是根據多年的經驗與實績，進而挑選出最適合的產品，以確保每位顧客都能享受到優質的服務。

　　服務：講究顧客第一，是夏洛特國際美甲的理念核心，從店內的裝潢擺設到美甲師的應對與接觸，都是品牌所關注及重視的，希望在服務的過程中，客人能感受到團隊滿滿的用心。

　　誠信：與每一位顧客的預約項目，都是一種需要誠信去實踐的約定，夏洛特國際美甲導入先進的線上預約系統，除了有效地管理每一個預約項目，顧客也能以最快速方便的方式預約時段。

　　隨著時間前行，Dorothy 期望夏洛特國際美甲能持續拓展品牌規模及發展項目。「除了開放自家員工入股，經過年評比考核資格者，更能加入經營團隊，共享利益共享資源；我們也開放員工申請加盟，提供加盟店家創業資金分配比、貨品折扣資源，針對不同商圈做不同的商品規劃、客層屬性分析，更會經由門市教育訓練，帶領店主達到預期目標，協助其進行人力推薦和代訓、活動與行銷方案、文宣海報設計及定期技術教育訓練等。」

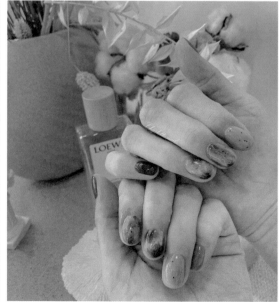

圖：Dorothy 運用技術、美感與細膩度，為客人打造出獨一無二的圖案和甲型

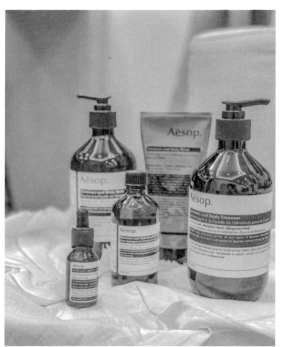

圖：夏洛特國際美甲根據使用經驗和實績，為顧客選用品質優良的清潔、護膚產品

圖：服務的心和誠信的態度，讓顧客感受到自在和信任，是經營品牌的重要關鍵

品牌核心價值

　　夏洛特國際美甲以品質、服務、誠信為理念，重視顧客感受與意見回饋，希望每位來消費的顧客都可以感受到美甲師的用心，並帶著健康、質感而美麗的指甲回家。

給讀者的話

　　永遠都不要自我設限，會阻礙你的只有自己，而相對，能超越的也是自己，因此不要停止學習，以及嘗試任何，能讓你更優秀的可能性。

經營者語錄

在現今的社會型態驅使下，大多人都只看到表面的光鮮亮麗，而忽略了其背後，都需要歷經時間的累積與失敗後才能實現，所謂台上一分鐘，台下十年功。

夏洛特國際美甲

店家地址：苗栗縣竹南鎮華東街 67 號

聯絡電話：037-470608

Facebook：夏洛特國際美甲 Charlotte nails 竹南店（美甲沙龍 / 手足保養 / 凝膠指甲 / 美甲教學 / 崁甲處理 / 熱蠟除毛 / 睫毛管理）

Instagram：charlottenail_dorothy

好時辰手工蛋餅

圖：走進好時辰手工蛋餅，客人可以從菜單上看見種類多元，真材實料的創新早餐

餵飽每一個早晨的創新化早餐

　　每當早晨一到，能喚醒一個人的除了美好的夢想，還要有一份美味的早餐，而台灣早餐店所販賣的早餐豐富又多元，不論是台式、中式、西式或是超商類應有盡有，它是生活裡最平常卻也最重要的一餐。台南市的好時辰手工蛋餅，將早餐如手工蛋餅、厚片、吐司及炸湯圓創新化，讓來客吃得到熟悉，更吃進了創意。

在逆境中前行，只為拚搏更美好的未來

　　好時辰手工蛋餅由涂建漳和潘婷夫妻倆於 2018 年年底一手創建。談起創業的初心，老闆娘潘婷表示跟老公兩人的原生家庭環境都不是很好；老闆涂建漳先前從事重機械操作，負責駕駛挖土機和砂石車，潘婷則從小跟著媽媽一起在餐飲業工作、當媽媽的得力小助手，十九歲時結婚生子，為生計四處工作、賺錢養家。

　　「我老公以前的工作遇上工程需要灌水泥的時候，經常凌晨兩三點才下班，回家睡沒幾個小時，早上醒來又要出門去工作。」工作時間長、重度勞累、風險高，加上當年婆婆因嚴重車禍變成植物人，家庭經濟負擔沉重，讓原本就體恤先生辛勞、想為其轉換工作環境的潘婷，決心要創業打拚，希望能有一份比領薪水更好的工作收入。

　　民以食為天，早餐更是一天當中最重要的一餐，對餐飲業頗為了解的潘婷，決定開一家早餐店，賣的是自己喜歡吃、想分享給客人品嚐的食物；經過一番巧思，潘婷將手工蛋餅、厚片、吐

司和炸湯圓等常見的餐點加以研究並創新，成為顧客眼中兼具美味和創意的菜單。

然而，一切都沒有表面所見的那般容易，潘婷笑著表示創業以來，最大的困難就是時間經常不夠用，因為從店內的備料、上工、服務、清潔到家庭的接送及照顧小孩等，全是夫妻倆全力投入，「我們兩個每天都忙得暈頭轉向。」

而讓潘婷印象最深刻也倍感心酸的，是有天在煎台前忙碌時，突然接到醫院傳來的噩耗，她被告知罹癌的爸爸在醫院過世，強忍哀痛，必須把手邊的工作完成後才能趕去醫院；此外，懷二胎時，潘婷也是煎蛋餅煎到生產前一刻才放下工作，其敬業程度令人欽佩。

圖：好時辰手工蛋餅營業時間為上午七、八點至下午一點半，但客人不曉得的是，老闆夫妻倆為了備料和清潔，其實都忙到晚上六、七點才下班

把自己喜愛的食物變成有創意的早餐

走進好時辰手工蛋餅，客人可以從菜單上看見種類多元的手工蛋餅、厚片、吐司、炸湯圓和奶酥醬，這是老闆夫妻倆運用自己愛吃的食物，發揮創意，變成一份份擁有真材實料的創新早餐。

「手工蛋餅的餅皮是每天現打的麵糊、現點現做，吃起來外酥內軟，而且我們堅持一份蛋餅用一顆蛋。」潘婷製作的餅皮口感扎實有 Q 勁，蛋餅更以真材實料與滿分的營養餵飽客人，除了常見的蛋餅種類如火腿、鮪魚、肉排，好時辰手工蛋餅更推出失控起司蛋餅及沙茶蛋餅，滿足喜歡嚐鮮的年輕族群；由於調粉漿、煎蛋餅、控制火候到調特製沾醬都是自己來，之中所付出的時間、心力與汗水都累積成寶貴的經驗，潘婷帶著自信地說：「每一份手工蛋餅都是別人模仿不來的。」

而厚片的名字聽了更使人垂涎欲滴，分別有：鐵手奶酥厚片、杏仁奶酥厚片、奶油煉乳厚片

和牛奶糖煉乳厚片。「我們的杏仁奶酥厚片上面有放杏仁片，我都會把它鋪得很滿，不怕人家吃！」潘婷樂觀而爽朗的性格也充分展現在她所製作的餐點上。吐司除了薯餅蛋吐司和肉排吐司，還有每天限量二十份的燒肉吐司，「燒肉是每天早上炒的，量固定，賣完就沒有了，因為我們不想浪費，也不會放隔夜。」這是潘婷對於產品的堅持，因為創新的基礎在於品質優良。

　　「我們還有一個很特別的東西，就是『炸湯圓』。」經常出現在婚宴上的懷舊甜點炸湯圓其實是老闆原本愛吃的，「他每次去鹹酥雞店都會點這道來吃。」把先生喜歡吃的食物放到菜單上，維持原本象徵「花好月圓」美意的古早花生粉口味之外，潘婷也將這道傳統美味結合創意，製作出麵茶煉乳炸湯圓和牛奶糖炸湯圓，口感蓬鬆惹人喜愛。

圖：老闆愛吃的炸湯圓，成為好時辰手工蛋餅菜單上的一員，
更有顧客訂購作為婚禮迎賓小點

圖：好時辰手工蛋餅的主打餐點「手工蛋餅」與「創意厚片」，
每樣皆用料紮實、美味可口

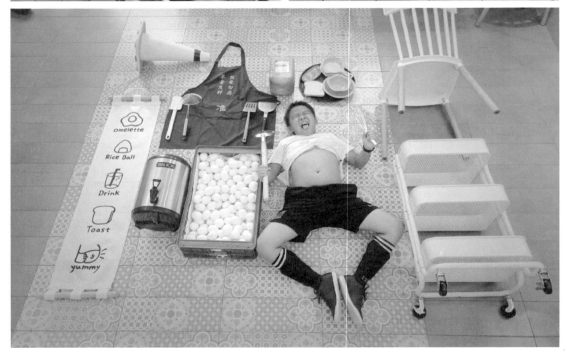

圖：好時辰手工蛋餅展望未來能夠開放加盟，將老闆一家的溫情與食物裡飄散出的
香氣，分享給更多喜愛吃早餐的人

不畏懼挑戰，認真提升自我實力

  對於餐點口感甚是講究的潘婷，從前認為外帶會影響餐點的美味程度，並希望客人盡量以內用為主；然而，疫情這場巨大的考驗，使客人前後三、四個月的時間無法在店內用餐，對此，潘婷改以搭配外送的方式做生意。深怕客人吃不到最美味的早餐，她選擇專注在提升產品的品質，同時學習與突如其來的挑戰彈性做應對，也從中慢慢調整自己容易焦慮的心態。「那陣子客流量只剩下原本的三分之一，小孩也不能送保姆家，要一邊照顧小孩一邊做生意，真的是度日如年，好險現在熬過去了！」

圖：手工自製螞蟻人純鮮奶卡士達，搭配酸甜草莓超美味，小朋友也吃得健康

  談到品牌的經營與未來規劃，潘婷給予的建議是，「想要當老闆，不可以怕辛苦，也盡量不要跟人比較，穩健做好分內的事情、專注提升自己的實力比較重要，還有一定要珍惜上天給你的機會。」或許是過往的歷練，成就老闆夫妻倆堅毅、謙遜、耐心與感恩的好品格，也使得來到好時辰手工蛋餅店裡用餐的客人們，都能感受到藏在營養早餐裡的用心，客流量十分穩定。

  儘管目前餐點的品質優良，潘婷仍希望未來能夠持續發揮創意，做出新的好口味，讓內料越來越多樣化，「我們現在依然不斷在調整餐點，希望可以做得更好。」追求優質，做出客人所說的「吃過最好吃的蛋餅」，是好時辰手工蛋餅自開業以來未曾改變的經營理念。

品牌核心價值
好時辰手工蛋餅樂於將傳統飲食創新化，把自己所喜愛的餐點分享給來店裡吃早餐的每一位客人。

經營者語錄
身為老闆，需不畏辛苦，明白能者多勞的道理，且與員工並肩而行。

給讀者的話
一切沒有表面所看見的那麼簡單，所有光鮮亮麗的背後必是無數的付出及努力，經營早餐店也一樣，營業時間結束、把門關上之後，是默默地清理環境和完成備料。

好時辰手工蛋餅
店家地址：台南市中西區五妃街 129 號
聯絡電話：0970-345641
Facebook：好時辰手工蛋餅
Instagram：@goodtime0970345641

HOYA 荷雅美妍學苑

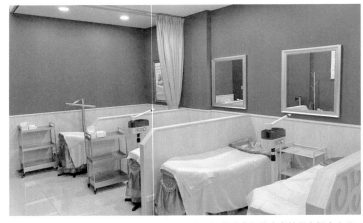

圖：HOYA 荷雅美妍學苑以優雅、舒適的環境，提供前來保養皮膚的顧客們安心且放鬆的空間

用最天然的呵護，找回肌膚的健康與自信

　　皮膚是人體面積最大的器官，而臉部肌膚的好壞，所影響的不只是皮膚健康等問題，還包括了人際關係與自信心的建立；為了有效改善臉部肌膚的問題，培養出健康、透亮和美麗的自信臉蛋，尋求經驗豐富的專家已成現代消費者的明智選擇。在全台擁有多家分店的 HOYA 荷雅美妍學苑，是許多顧客的首選，HOYA 荷雅美妍學苑使用最天然的產品及技術，搭配正確的照顧方式，為顧客找回健康又自信的皮膚狀態。

從上一代的技術傳承，到新世代的創新經營

　　HOYA 荷雅美妍學苑由資深美容老師蔡沛妤於 2009 年創立。蔡老師早年深受皮膚問題所苦，在一番苦心研究並解決自身問題後，創立了連鎖美容機構，期望藉由自己的經驗，幫助同樣被皮膚問題所困擾的人們；十多年來，蔡老師已培育出多位優秀的美容師，HOYA 荷雅美妍學苑在台灣北、中、南部皆設有分店，品牌目前由蔡老師的女兒林昱萱接手經營。

　　「三年前，我們從一中街搬來三民路，我從那時候開始接手媽媽的事業，經營 HOYA 荷雅美妍學苑。」昱萱輕聲而堅定地談起母親一手創辦的連鎖美容機構，以及過去自己站在人生的交叉路口時所做的選擇，「學生時期我在餐廳打工三年，那時的我跟很多女生一樣都有一個開咖啡廳或餐廳的夢想，但我本身比較務實，發現台灣的餐飲業非常競爭，在餐廳工作或開一家餐廳都不算是長久之計，於是開始思考以後想要做什麼型態的工作，過什麼樣的生活……。」

　　當時年僅二十歲的昱萱，看見了身為資深美容老師的母親一路走來的成果，便以母親為榜樣，

下定決心跟隨學習皮膚保養技術和美容產品知識，經過多年的學習之後，著手經營起 HOYA 荷雅美妍學苑。接手管理後，昱萱老師發現自己所處的年代和潮流皆與母親當年創辦時有所不同，首先面臨到的最大困難，即是轉型的問題，「媽媽以前的店開在小巷弄，算是口耳相傳、依靠口碑累積起客戶，那時候沒有所謂的網路社群；但在我接手之後，因為是小店換到大店，市場轉變又非常快，我意識到在現有的客戶下，還必須認真經營社群帳號、提高網路上的聲量，才能觸及到新的族群，進而擴大我們的客源。」

圖：HOYA 荷雅美妍學苑招牌

　　昱萱老師所說的「認真經營」並非只是個口號，她開始搜尋網路社群相關資訊、進修社群平台經營的技能，從 Instagram 行銷到 Line 官方帳號管理，昱萱老師積極學習美容專業以外的必備新知，只為把 HOYA 荷雅美妍學苑的技術與理念廣泛傳遞，深刻人心。

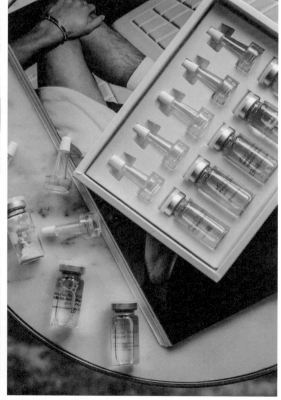

圖：HOYA 荷雅美妍學苑提供客人之客製化修護課程與溫感舒壓課程

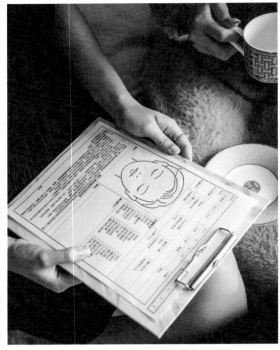

圖：專業而詳細的皮膚諮詢，HOYA 荷雅美妍學苑從方方面面呵護美麗肌膚

全方位諮詢，客製出適合個人的皮膚課程

　　HOYA 荷雅美妍學苑以全方位諮詢和客製化皮膚課程聞名，昱萱老師細心講解從諮詢到課程進行的所有流程：「進到我們店裡後，首先我們會請顧客在櫃檯填寫基本資料，從客人的工作環境、生活型態、基礎身體狀況，到是否熬夜、外食、生理期異常等，我們都會深入去瞭解。」問得仔細，是由於臉部肌膚的狀態與日常作息及生活環境息息相關，藉由多層面向的探究，才能提供顧客完善的皮膚諮詢，進而幫助客人解決皮膚的根本問題。

　　「接著，助理老師會引導客人到美容床，經過卸妝和清潔步驟之後，諮詢師開始跟客人講解臉上的問題，是否能改善、要配合哪些產品進行改善、多久要做一次皮膚課程等，並且會在櫃檯清楚說明課程、產品的收費與使用方式。」流程與其他美容護膚中心並無太大差異，然而，HOYA 荷雅美妍學苑所提供的並非市面上固定而死板的美容課程，而是針對顧客的肌膚問題，對每個人輸出專業且「客製化」的皮膚課程。

　　透過全方位諮詢，顧客能在 HOYA 荷雅美妍學苑進行戰痘課程，解決皮膚粉刺和冒痘問題，「我們清粉刺跟痘痘的技術優良，並非完全不會痛，而是客人在我們這裡，感受到的痛感跟外面相比會大幅降低。」除了能享受精良的清除粉刺、痘痘技術之外，顧客也能從抗敏修護、亮顏美肌和臉部溫感紓壓等課程中，找回皮膚的光透與自信。

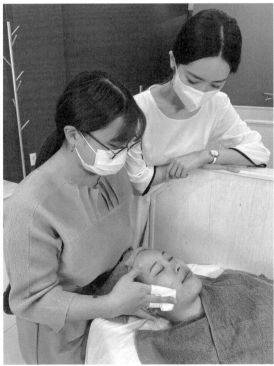

圖：透過創業輔導課程，昱萱老師將「美麗」的技術傳承給學員，
一起守護更多顧客的皮膚

有能力，更要發揮影響力

「客製化的皮膚課程讓許多客人受惠，真的有效地解決了他們的皮膚問題。」因為解決了客人的難題、看見了優良的效果，HOYA 荷雅美妍學苑亦有技術指導與創業輔導課程，期盼能把好的技術像蔡老師教導昱萱老師一樣，傳承給有心學習的學員，進而創造更多能幫客人把皮膚照顧好的店家，對整個社會和美業來說，實為一種正向的循環。

談到技術指導和創業輔導課程，昱萱老師舉例：「今年六月開始營運的員林店老師，原是經常來做臉的客人，因為感受到 HOYA 荷雅美妍學苑產品、技術和服務的不同，決心轉行跟我們學技術，在學習一段時間後，這位老師培養了技術、能力和客源，也成功開始了員林店的營運。」

昱萱老師所舉的例子僅是 HOYA 荷雅美妍學苑諸多學員的其中之一，HOYA 荷雅美妍學苑目前有一中店、員林店、虎尾店、草屯店、左營店，也即將在台北與大家見面。昱萱老師冀望透過創業輔導課程，把自身所擁有的實力不藏私地傳承給學員，協助和曾經的她一樣，也正站在自己人生交叉路口上的人們，期待能共創一個充實而有活力的未來。

圖：HOYA 荷雅美妍學苑——昱萱老師

品牌核心價值

HOYA 荷雅美妍學苑運用最天然的產品和技術，呵護每一位顧客的肌膚，有效改善其皮膚問題，以達到皮膚的健康、透亮與美麗，如今致力於傳承專業技術及經營理念，希望藉由影響力，讓更多顧客在肌膚健康上有所受惠，並找到人生的新價值。

經營者語錄

敢夢、敢想、敢要。

給讀者的話

創業切勿以利益為出發點，現在消費者選擇眾多，只有換位思考、提供顧客有價值的服務，培養起忠實客源後，事業才會長久地發展下去。

HOYA 荷雅美妍學苑

店家地址：台中市北區三民路三段 83 號
聯絡電話：04-22253615
官方網站：http://www.hoya1314.com

Facebook：Hoya 一中店
Instagram：@hoya.skincare

圖：烘焙品牌「Emma 胖胖」負責人 Emma

用美味征服味蕾！ PRO 等級司康

　　2022 年，當全世界仍籠罩在新冠肺炎陰霾時，台北卻迎來三個外型特別的「胖胖」，老大「吐司人」、邊緣人「吐司邊」以及機靈生物「三足鼎立司康人」，他們正積極策劃，要以一系列好吃又美味的司康和肉桂捲，作為侵略地球的武器，徹底征服所有台灣人的胃，而這幕後的主使者，正是 24 歲，帶著陽光燦爛笑容的甜點師 Emma。

新鮮且高品質的原料，打造 PRO 等級的司康

　　古靈精怪的 Emma 曾任職於老爺大飯店點心房，也從事了六年多的咖啡業，並擁有國際咖啡調配師、SCAE 烘豆師資格，17 歲開始，她懷抱創業的夢想；2022 年，她正式成立「吐司人實業有限公司」，創立以司康和肉桂捲為主軸的烘焙品牌「Emma 胖胖」，可愛逗趣的吐司人、吐司邊和司康人，也一一從 Emma 的畫筆下誕生。

　　在眾多的烘焙品項中，Emma 選擇了較少台灣人知道的英式甜點「司康」，作為甜點創業的主軸。Emma 表示：「比起其他甜點，如杯子蛋糕、馬卡龍，司康算是比較小眾的市場，這也是我最初看中的商機。司康的製作其實並不複雜，只要用心挑選食材原料，並注重烘培細節，就能製作出美味的司康。」

　　即使比起其他甜點，司康並不難入門，但如何製作出讓顧客頻頻回購，且願意囤貨的甜點，仍舊相當考驗甜點師的功力。司康必須使用大量的奶油，初期 Emma 使用香味濃郁的法國奶油，但後來她發現使用法國奶油的司康，第一口咬下去，確實很香，但再吃幾口後，卻有著過於油膩

的奶味，因此她便開始尋覓更適合的奶油，這也讓她發現了台灣在地的優質發酵奶油，不僅能保留奶油香氣且口感相當清爽。

過去使用法國奶油製作司康，消費者即使讚譽有加，但因覺得過膩而不會時常購買，調整奶油後，不少人大量囤貨，作為早餐或宵夜，回購率大大提升。除了精心挑選奶油，Emma 還使用口感輕盈、組織細緻的日本日清麵粉，搭配宜蘭自家放牧的雞蛋，堅持選用最新鮮且高品質的原料，確保消費者能吃到最美味、健康且無負擔的司康，也讓 Emma 胖胖站穩「PRO 等級司康」的地位。

喜愛甜點的 Emma 有著相當挑剔的味蕾，設計司康口味時，她相當注重味道的平衡性，Emma 創作了一款烘焙坊少見的「裸麥肉桂無花果司康」，這款司康透過浸泡橙酒的無花果乾，襯托出肉桂的辛辣，讓肉桂香氣更飽滿有層次，無花果乾也不會過於甜膩，擁有優雅和諧、尾韻綿長的味道。Emma 說：「在設計司康的每個口味時，我都會先確認主體味道，再透過不同的實驗，碰撞出最協調的口味。」

Emma 胖胖每一批的司康和肉桂捲出爐後，都會直接急速冷凍，保持最新鮮的狀態，再進行低溫配送，冷凍的司康在室溫退冰 20 分鐘後即能食用，也能利用微波、氣炸鍋或烤箱加熱，品嚐更顯著的奶油香氣。不少顧客也曾告訴 Emma，即使司康冷凍兩個月再食用，味道仍舊相當美味。

圖：Emma 胖胖的司康皆是以新鮮且高品質的原料製成，每一口都吃得出甜點師的用心

圖：擅長插畫的 Emma 致力於將插畫融入甜點中

繪本、動畫或周邊，
擁有無限可能性的三隻「胖胖」

　　Emma 不只是個甜點師，過去她曾在法國攻讀插畫設計，創立「Emma 胖胖」後，她也致力將她熱愛的插畫創意與甜點結合。在社群媒體，常能看見 Emma 創作的吐司人、吐司邊和司康人粉墨登場，和粉絲互動的逗趣畫面。

　　談起創作理念時，Emma 說：「我的個性不太喜歡做重複的事情，做出一個好吃的司康顧客吃下去，這件事就結束了，但透過設計三隻『胖胖』，我能藉由他們的人格特質去說故事、表達情緒，這些故事和靈魂就會被留下，甚至他們能變成繪本、動畫和周邊產品等，以實體或虛擬的方式，做出不同的創作，這對我來說更加有趣。」

　　24 歲的年齡在許多人心中仍舊相當年輕，但 Emma 在思考創業的策略和經營的方向，卻是相當細膩且未雨綢繆，她認為烘培業若要做出更多的產值，勢必需要擴展生產線，即使有一間工廠，聘請許多員工、生產更多的產品，營業額仍舊有個極限，而且需要顧及的外在因素太多，例如若有一天司康不再流行或員工罷工，都會影響到品牌的存亡。

　　「目前 Emma 胖胖的營運已經步入軌道，但我不會想要朝增加銷售額的方向繼續努力，我希望透過三隻胖胖的設計和故事，創造出不同的合作機會或產品，或許能有更多面向的發揮，這是我覺得能讓這個品牌更有趣的方式。」目前 Emma 已設計第一款周邊產品「吐司人口罩」，與粉絲見面，相信經過時間的積累，三隻胖胖不久後絕對有更有趣好玩的故事，與粉絲分享。

圖：Emma 胖胖不定期出沒在各大市集

創業：存有最好的希望，也要有面對失敗的勇氣

從品牌的官網架設、視覺設計到產品生產，都是 Emma 從無到有，一點一滴製作出來的，創業比起過去擔任員工時，生活確實忙碌也緊湊不少，但 Emma 仍熱愛創業時各種新鮮、好玩的挑戰。從 17 歲有了創業的念頭，她用了數年的時間，慢慢地積累創業需要的能力與資金，也做好面對創業失敗的心理準備。

Emma 說：「我認為創業絕對要做最壞的打算，我總是一直告訴自己，現在開始努力，即使過了八年創業失敗，做好止損的規劃，我也才 30 多歲，我相信以我的資歷和性格，絕對能找到很好的工作，而且這段創業的經歷也絕對不會白費。」

目前 Emma 胖胖並無實體店面，主要都是在網路上銷售，也會不定期到各大市集擺攤，詢問 Emma 下一步的規劃是什麼呢？她搞笑中又帶點嚴肅地說：「繼續培養三隻胖胖的人格特質、魅力和可愛之處，開創更多元的商機，最終目標當然就是侵略整個地球啊！」

品牌核心價值
全方位且無死角地侵略地球人的胃和心。

經營者語錄
有時候只做好一件事，也無法好好生存，但如果連一件事都做不到最好，建議不要創業。

給讀者的話
謝謝大家耐心讀完我的故事！有機會歡迎來吃吃看 PRO 等級的司康！

Emma 胖胖

Instagram：@carnivoremma

Facebook：Emma 胖胖

官方網站：emmapownpown.cyberbiz.co

觀玥持

圖：觀玥持以堅持選用高品質的原料、提供高質感產品作為核心目標，並用心打造適合亞洲人肌膚的產品

從裡到外找回自然純粹的極致療癒

外界越是混亂複雜，人們便越是嚮往自然純粹，尤其是關注自我身心平衡的現代消費者，觀玥持就是為此而存在之高能量品牌。以「天然植物」為理念，象徵大自然與地的連結，遵從自然法則與古法匠心之道，取植物中最原始的鼎盛能量，專為亞洲人的肌膚打造，回溯時間，由內而外修復肌膚，使其回歸初生模樣，為每個人找回屬於自己的純粹與療癒。

陪伴，從點亮他人生命開始

「觀，有觀察時事走向、關懷人們所需之意；玥，代表寶藏；持，則象徵著持恆。」觀玥持創始人采采為其品牌名稱解釋道，也表示，曾經算命過，被指出該名未有助品牌生財之運，但采采依然決定使用此名，因為她相信命運就掌握在自己手中，也希望以「觀玥持」提醒自己創始品牌的初衷，不因世俗因素改變自我。

「努力的意義在於做選擇的底氣，你是誰，從來都是自己決定。」

富有靈性和想法的采采，是一位出生於 1996 年的女孩，由於喜愛劉亦菲所說的「女性獨立，則天地皆寬」一言，而創立了自己的品牌「觀玥持」。正如同品牌名稱的意涵，觀玥持從幫助女性獨立、堅強的理念出發，藉由將植物最初始的豐厚能量，帶入每個人或許煩躁、憂鬱、悲傷的日常中，成為一個陪伴者，幫助他人成為更好的自己。

圖：觀玥持主打商品，由左至右分別為：玥藏植萃洗髮精、沐藏植萃洗髮精、沐藏植萃護髮素，給予頭髮高分能量的滋養

　　談起創立品牌的機緣，采采分享：「過去我是一位泌乳師和新娘秘書，因工作因素自然接觸到許多已婚但未有工作的媽媽們，她們每位都有自己辛勞、甚至是心酸的故事，似乎結婚後就失去了『自我』，於是我有了創立品牌、提供女性就業機會的想法。希望能夠幫助這些媽媽重新找回自己，建立自主的生活和自信的心態。」以溫暖力量照顧周遭的人，並使其得到正能量及療癒，就是觀玥持的品牌初衷。

　　由於競爭者眾，品牌建立不易，采采以堅持選用高品質的原料、提供高質感產品作為觀玥持核心目標，並用心打造適合亞洲人肌膚的產品。「建立品牌不是為了攀比，而是為了做出適合我們亞洲人的產品。」

　　在創業過程中，除了芳療相關課程和證照的取得，采采表示，對創業人士來說，最為棘手的依然是各種產品所必須遵守的繁雜法規，但她將其視為開創一份事業的必經歷程。

圖：經由美國 NAHA 國際芳療調香師所調配的精油，香味選擇多，如：尤加利、闊聖、復甦淨化、薰衣草複方和茶樹精油

頂級的調香與鎖香技術

觀玥持，一個專為亞洲人肌膚所打造的品牌，以玥藏植萃洗髮精和沐藏植萃洗髮精為主打，同時開發香皂、精油香氛卡、精油、滾珠瓶、茶葉等多種品項。期望透過其產品良好的品質及香味，為使用者帶來非凡的體驗和感受。

采采說：「每棵植物和樹木的養成都須歷經長久的時間，因此，精萃中含有的能量十分豐厚，運用不同的成分、香味在不同的產品上，與體驗者建立起橋梁，擁有『使用過才會知道』的獨特感受。」

談到精油的香味，即是觀玥持專業之所在，擁有來自美國 NAHA 國際芳療調香師所調配之最出眾的調香與鎖香技術，讓香味能夠留香並蔓延於身體，而不造成健康上的疑慮。「我們的精油適合一般大眾，例如以檸檬香桃木、山雞椒精油、醒目薰衣草精油等調製出的複方精油『復甦淨化精油』，能夠幫助人們在忙碌而焦躁的生活中，以香氛為引，淨化身心靈，促使體內的『幸福分子』放鬆，賦予使用者充滿正向積極和生命力的感受。」萬物皆有能量，而采采提到精油帶有的純粹能量，正是現代人身心所需的療癒良伴。

觀玥持專注於為生活注入溫暖、香氛和儀式感，藉由美好的味道承載呼吸的痕跡，與香味進行一場場溫柔的邂逅，放鬆和療癒日常中的每個時刻。

「香味會影響一個人，想成為什麼樣的人，就必須去選擇那樣的環境，願我們都身處在花香空間裡，將自己渲染成一朵美麗綻放的花。」采采說。

圖：除了主打商品，觀玥持也朝向多元化關注人們的身心，打造適合亞洲人使用的
香皂、香氛卡、茶葉和玫瑰露

從推廣教育，延續品牌價值

　　不同於許多高價質感品牌帶有的迷思，觀玥持的產品皆為台灣製造，並在遵守一切法規的前提下穩定成長。采采想做的，是保護台灣人生產的產品，以及應當屬於他們的就業機會，盡力照顧更多需要被幫助的台灣家庭，使其變得更堅強茁壯。采采表示，「創業需要一股想做就做的衝勁，因為人人都會有所謂的三分鐘熱度，我們必須把握好機會，掌握自己的命運砥礪前行，一個品牌或許不是最初就特別優秀，但經過時間的洗禮與個人的努力，一定會越來越好，我更希望，大家一起變好！」

　　經營品牌、鼓勵女性創業之餘，采采更祈願觀玥持能夠發揮其最深遠的品牌價值。「未來我們將推出精油體驗課程和精油調香課程，讓大家可以在課程中認識精油的功效，或者前來參加聚會，一起聊天、放鬆，也都很好。」透過推廣精油課程，鼓勵大眾不分年齡、性別和族群，一同深入自然綠意、芳香滿溢的精油世界，徜徉在大自然純粹能量的洗禮之中，運用不同的香味，將生活裡被敲落的碎片，一片片完整拼湊回來。

　　「每個優秀的人都有段沉默的時光，一段付出諸多努力卻得不到回報的日子。沉默卻曖曖含光，我們將其稱之為扎根，經過時間的沉澱與蘊養，生根發芽，終綠草蔭蔭。」這是采采說的話，也是觀玥持最為意味深長、值得細細思索的內涵。

品牌核心價值

在不缺各式產品的時代裡，觀玥持秉持著台灣嚴選標竿品質，遵守法規與原則，並承諾在同等價位中達到高性價比；昂貴，是因為使用質量好的原料，與最高標準的製作過程，產品品質則是最好的背書！

經營者語錄

「追風趕月莫停留，平蕪盡處是春山」—— 努力的真正意義就在於三個字「選擇權」，是在那些意外和不可控因素突然來臨時，平常努力所積澱下來的涵養與能力，可以成為抗衡一切風雨的底氣。

給讀者的話

你可以有一段糟糕的經歷，但不能放縱自己過糟糕的人生，命運只負責洗牌，出牌的永遠是自己，你的日積月累終會成為別人的望塵莫及。

觀玥持企業有限公司

聯絡電話：0983-012280
Facebook：觀玥持
Instagram：@guanyuezhi3383

Joanna Chen
陳娃娃

圖：在每次與新娘的合作，Joanna Chen 陳娃娃都是個「做足功課」的造型師

巧手匠心，打造令人屏息的極致新娘之美

擔任新娘秘書整體造型師八年之久的陳娃娃（Joanna Chen），是許多女孩尋找新秘時的第一人選，有的新娘為了能預定娃娃老師的檔期，寧願更改婚禮時間，究竟她在造型工作上，如何以專業收服這些追求極致完美新娘們的心呢？

增添優點隱藏瑕疵的整體造型，打造渾然天成之美

新秘市場發展至今，新娘的妝容也產生不少派別，像是早期的日式風格，到韓風及歐美妝容，及近年來流行的泰國妝，各個派別都有不同的擁護者。網際網路的發達下，新娘往往會先瀏覽新秘作品，再從中挑選喜愛的風格。

詢問娃娃她的作品多屬於哪一種路線，娃娃笑說：「我一直以來都不太確定自己的路線，我會根據每個人的五官特色，為她量身打造適合的風格，因此在我的作品中，能看到歐美風、泰式和韓風，唯一比較少見的是日系，早期雖然很流行，但現在比較少顧客有日系妝髮的需求，但流行這種事很難說，或許十年後，日系風格又再度流行了。」

除了有專業的化妝技術及獨特的美感，更特別的是，在每次與新娘的合作，娃娃都是個「做足功課」的造型師，她會一一看過每個顧客在社群媒體上的穿搭風格及妝容，並仔細地研究顧客的五官、臉型和身體比例，為她們打造最能襯托五官優點的造型。「有些人平常的整體風格屬於典雅路線，如果婚禮突然為新娘設計泰妝或歐美風造型，不僅不適合、甚至會讓新娘在婚禮當天感到不自在，因此新秘的角色就是讓她比平常更漂亮，但那種美仍是專屬她自己的。」娃娃表示。

舉例來說，不少新娘都會希望在婚禮當天能有洋娃娃般的雙眼，或是高挺的鼻子，但若一味強調眼睛或鼻子線條，忽略五官整體的和諧，很有可能會相當不自然，變成網路常見「濾鏡妝容下的複製人」，缺乏獨一無二的特色。娃娃會根據每個人的五官、輪廓和臉型比例，透過精緻動人妝容，幫每個女孩改造與修飾外型，不僅是美，同時還具有臉部整體的和諧感，讓新娘美得渾然天成。

　　將每個顧客都當作自己的家人與朋友，娃娃細心地了解需求，並深度研究每個人的風格與偏好，這讓許多顧客與她溝通時，常常都很驚訝娃娃總像是未卜先知，不需太多言語，就能讀懂她們的心聲，並給予適合的選項與規劃。

圖：娃娃設計的婚禮造型不僅是美，即使多年後翻出婚禮當日照片，仍舊是美的歷久彌新

不計成本投資飾品與配件，力求頂級質感造型

　　除了完美的妝容，有質感、別緻的飾品也能為整體造型畫龍點睛，令人難忘。在新秘工作的投資上，娃娃不計成本地採買各式飾品和頭紗，有時新娘隨口詢問的飾品，娃娃也會放在心上，準備各種不同款式，讓顧客搭配。「以皇冠來說，我就準備了各種造型、顏色以及材質，飾品會持續推陳出新，因此在這方面我完全不手軟，有時候採買一次就花上數萬元，甚至在一些婚禮上，光是飾品的價值就高達 20 至 30 萬元，這些花費都是許多人難以想像的。」娃娃說。

　　從頭飾、頭紗、耳環、項鍊到手環等等，所有的造型配件，娃娃一手全包，飾品多以精品等級為主。許多人認為，飾品能重複使用，對於新秘而言應該不是重要的成本，但對於娃娃而言，飾品會折舊，也會有流行汰換性的問題，況且在網路發達的時代，同款飾品太常搭配使用，也很有可能帶給顧客不好的觀感，因此她仍舊不惜成本，花費心思持續投資飾品，期待帶給顧客更優質的感受。

圖：閃亮耀眼的飾品與單品是整個婚禮造型中不可或缺的靈魂物件

圖：不僅是華麗的婚禮造型，創意十足的娃娃也相當擅長設計不同風格的穿搭和造型

待客如親，竭盡心力陪伴顧客打造完美婚禮

　　為了籌辦一個完美、溫馨且浪漫的婚禮，讓許多新娘在籌備期間，常處在焦慮的狀態中，希望能將所有的細節都做到盡善盡美。因此。身為整體造型師的娃娃，不僅需要與新娘溝通造型方面的需求，她也不厭其煩地為新娘們解決其他婚禮相關的問題。

　　除此之外，娃娃也會分享她的保養技巧，讓新娘知道在婚禮前三個月，如何一步一步地調整作息、食用保健食品和使用保養品，確保婚禮當天呈現最佳狀態。娃娃也會協助新娘，檢視日常保養品中是否有不適合的產品，每個細節娃娃都相當上心，希望新娘在婚禮當日，無論是膚質、精神或情緒都是最佳狀態。不少新娘原本對自己的外型沒有自信，但遵循她的建議後，從日常生活中一步步努力，新娘開始發現自己的狀態比過去更好，在婚禮當天，透過造型搭配，也一掃之前沒有自信的感受，更顯得光彩動人。

　　由於娃娃總是視顧客如親，為她們解決籌備婚禮的難題，並相當有耐心聆聽她們的需求與想法，不少顧客也與她建立起如家人般的情感，直到婚禮結束後仍保持緊密的聯繫，在日後逢年過節時都會送上甜點祝福她。娃娃有養貓咪，她們也會送上似顏繪的禮物，讓她留做紀念，當娃娃結婚時，她也邀請合作過的昔日新娘好友，一起分享結婚的喜悅。

圖： 娃娃期盼未來能成立整體造型工作室，幫助更多女性美得精緻且動人

推出個人美妝品牌「J.FOR YOU」，解決各種美妝保養問題

擔任新秘的這些年，許多新娘也會詢問她彩妝、保養的問題，娃娃發現，有些問題是她在彩妝市場上找不到解決方法的，這讓她萌生乾脆自己研發產品、解決問題的想法。2021 年，她創立個人美妝品牌「J.FOR YOU」，以「Joanna X Just For You」為概念，就是集結過往粉絲和新娘的各種困擾，針對這些困擾一一親自研發、量身打造產品，希望讓女孩們，每天都像結婚時成為完美的耀眼焦點。

儘管 J.FOR YOU 提供的產品是醫療、醫美等級，但價位卻十分親民，娃娃表示，儘管原料相當講究，研發成本也非常高昂，但還是希望能以比較平價的價格提供給消費者。「這個品牌並不是以賺大錢為目標，而是希望以優質的產品，解決消費者的難題，收益有持平即可。」娃娃說明。

新秘工作在許多人眼中可謂是夢幻行業，不僅能擁有高收入，還能把人打扮得漂漂亮亮。娃娃認為，若想要在新秘產業持續發展，必須有巨大決心，一旦踏入這個行業，就要時刻戰兢，隨時更新、優化自己的美感，專心理解且觀察時下流行事物，「這是一個你無法按下暫停鍵休息的產業。如果很重視生活質量，希望能在週末假日陪伴家人，基本上是完全無法做這個產業。」

今年 31 歲的娃娃，正值事業的巔峰，對於未來，她仍抱有許多不同的創意與想像，除了繼續為新娘們提供夢幻與專業的婚禮造型，她也期待未來能與其他的造型師，一同創立如同韓國盛行的整體造型工作室，讓顧客能更即時、方便地預約造型服務。

圖：娃娃所創立的個人美妝品牌——J.FOR YOU

Joanna Chen 陳娃娃

Facebook：Joanna Chen X 新娘秘書 / 整體造型

Instagram：@joannachen_makeup、@chenwawa_618

抖音：@chenwawa618

創業名人堂 第四集
Entrepreneurship Hall of Fame

作　　　者——灣闊文化

企劃總監——呂國正

編　　　輯——呂悅靈

撰　　　文——張荔媛、劉佳佳、吳欣芳

校　　　對——林立芳、許麗美

排版設計——莊子易

法律顧問——承心法律事務所 蘇燕貞律師

出　　　版——台洋文化出版有限公司

地　　　址——台中市西屯區重慶路 99 號 5 樓之 3

電　　　話——04-3609-8587

製版印刷——象元印刷事業股份有限公司

經　　　銷——白象文化事業有限公司

地　　　址——台中市東區和平街 228 巷 44 號

電　　　話——04-2220-8589

出版日期——2023 年 4 月

版　　　次——初版

定　　　價——新臺幣 550 元

Ｉ Ｓ Ｂ Ｎ——978-626-95216-3-0

國家圖書館出版品預行編目資料：(CIP)

創業名人堂 . 第四集 = Entrepreneurship hall of fame/ 灣闊文化作 .
-- 初版 . -- 臺中市：台洋文化出版有限公司 , 2023.04
　　面；　　公分
ISBN 978-626-95216-3-0（平裝）

1.CST: 企業家　2.CST: 企業經營　3.CST: 創業

490.99　　　　　　　　　　　　　　　112002837